주제별 단기완성

기적특강

툭 치면
바로 나오는
구구단

초등 **1·2** 과정

길벗스쿨

구구단, 암기도 과학이다!

구구단, 꼭 외워야 할까?

우리나라에서 정규 교육을 받은 사람의 90%는 구구단을 외울 줄 압니다. 오죽하면 '구구단을 외자~ 구구단을 외자~'같은 게임도 있을까요. 하지만 미국이나 유럽은 교육 과정에서 구구단 암기를 안 하는 경우가 더 많습니다. 구구단 암기 반대론자는 '곱셈의 개념도 이해 못한 무조건적 암기는 1호선 지하철 노선을 외우는 것만큼 쓸데없는 일이다.'라고 말합니다. 당연히 수긍이 가는 논리입니다.

'암기'는 종종 하수 공부 취급을 받습니다. 하지만 명확히 '암기'를 해야 할 내용도 있습니다.

첫째, 반복적으로 머릿속에서 꺼내 써야 하거나,

둘째, 이해가 어려운데 암기라도 하지 않으면 다음 단계로 넘어가기 어려운 경우입니다.

구구단은 전자에 해당합니다. 우리나라 교육 환경에서는 2학년 때 툭 치면 바로 나올 정도로 숙달해야, 고학년에 올라가서 곱셈, 나눗셈과 관련된 계산을 빠르고 정확하게 풀 수 있습니다.

중요한 것은 '암기를 하지마'가 아니라 '곱셈의 개념을 먼저 이해하고 자연스럽게 외우자'입니다.

저노동·고효율 구구단 암기 3대 비법

흔히 구구단을 초등 수학의 첫 번째 고비라고 합니다. 요령 없이 무작정 외우다 보니 아이는 힘들고 엄마는 답답합니다. 암기도 과학입니다. 구구단의 원리와 구조를 알아야 쉽고 효과적으로 구구단을 외울 수 있습니다.

1. 원리 이해가 먼저, 암기는 다음이다

●△■를 기억해 봅시다. '암기'는 각각 하나씩 기계적으로 머릿속에 넣는다면, '이해'는 논리적 연결 관계를 만들어 기억하는 방식입니다.

구구단도 무작정 암기에 앞서 '동수누가 원리(같은 수를 거듭하여 더하기)'를 이해하면 2×4를 잊어버렸을 때 2×4=2+2+2+2라는 것을 알고, 2×3=6에 2를 더해서 바로 유추할 수 있습니다.

'이해'는 '망각'이 찾아왔을 때 다시 떠올릴 수 있게 합니다.

2. 시간 간격을 두고 반복해야 오래 기억한다

에빙하우스의 망각 곡선 이론에 의하면 학습
종료 직후 10분 후부터 망각이 시작되고,
1시간 후에 50%, 1일 후에 70%, 1달 후에는
80%를 망각하게 됩니다. 하지만 망각점에
맞춰 10분 후에 복습하면 1일 동안 기억하고,
1일 후에 복습하면 1주일 동안 지속, 1주일
후에 복습하면 1달 동안 기억하게 됩니다.
한번에 몰아서 하는 공부보다 주기적인 간격을
둔 반복이 장기 기억에 효과적입니다.

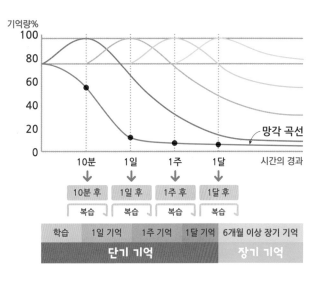

하지만 철저한 공부 패턴을 가진 극소수의
아이들을 제외하면 이를 엄격하게 지키는
것은 번거롭고 부담됩니다. 따라서 아이들이
쉽게 실천할 수 있는 반복 패턴을 설계해야 합니다. 기적특강은 '1/3/7일 반복 설계'로 커리큘럼만 그대로
따라하면 단기(1일)/중기(3일)/장기(7일) 복습이 자동으로 이루어집니다. 특히 1일, 즉 24시간 내 단기 반복이
가장 중요한데 책을 덮으면 다시 펼치지 않는 아이들을 위해 '슈퍼액션 스터디'의 액션 동영상으로 신나고
재미있는 구구단 반복을 책임집니다.

3. 노래로 외우면 연상이 쉬워진다

어른들은 '이일은 이, 이이 사, 이삼 육~~'의 멜로디만 들으면 입으로 구구단이 자동 출력됩니다. 아무리
시간이 흘러도 절대 잊지 않습니다. 노래를 활용한 연상기억법은 매우 효과적이고 동시에 즐겁기까지 한
최고의 암기 치트키입니다. 슈퍼액션 스터디의 구구단 동영상으로 노래하고 춤추며 즐겁고 자연스럽게
구구단을 외워 보세요.

저노동·고효율 구구단 암기 3대 비법

1. 원리 이해가 먼저, 암기는 다음이다.
2. 시간 간격을 두고 반복해야 오래 기억한다.
3. 노래로 외우면 연상이 쉬워진다.

이렇게 공부하자!

완벽한 하루 공부, 특강 + 복습!
기적쌤 특강으로 원리를 이해하고,
혼자 복습하며 내 것으로 소화하기

모든 수학은 개념과 원리로부터 시작해요.
아무리 어렵고 까다로운 개념도
기적쌤의 특별한 강의를 들으면 이해가 쏙쏙 돼요.
#비법강의 #원리이해 #개념형성 #이렇게쉽다니 #이해가쏙쏙

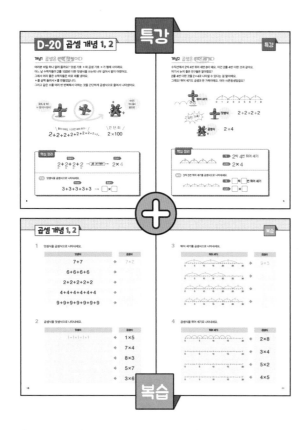

한번 이해한 원리는 문제를 풀면서 적용해야 더 단단하고 뚜렷하게
자리 잡아요. 혼자 힘으로 복습하며 완전히 내 것으로 만들어 보세요.
#바로복습 #원리적용 #문제풀이 #이제알겠네 #이렇게하는구나

노래하고 춤추며 외우는 구구단
몸이 리듬을 타면 구구단이 즐거워진다!

 QR 코드를 스캔하면
액션 동영상으로 슝!

귀여운 동물 친구들과 노래하고 춤추며 외우는 #동물구구단
쿵짝쿵쿵짝! 박자에 맞춰 #비트구구단
뛰어 세기 규칙으로 곱이 커지는 원리를 이해하는 #뛰어세기구구단
째깍째깍, 정답을 맞혀라! 누가 더 빨리, 더 많이 맞힐까? #퀴즈타임

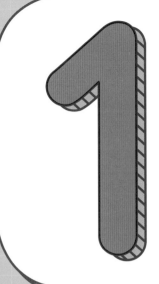

시작!
구구단의 원리

무작정 외우는 구구단은 그만!
4가지 곱셈 개념을 통해 구구단의 원리를 이해해 볼까요?

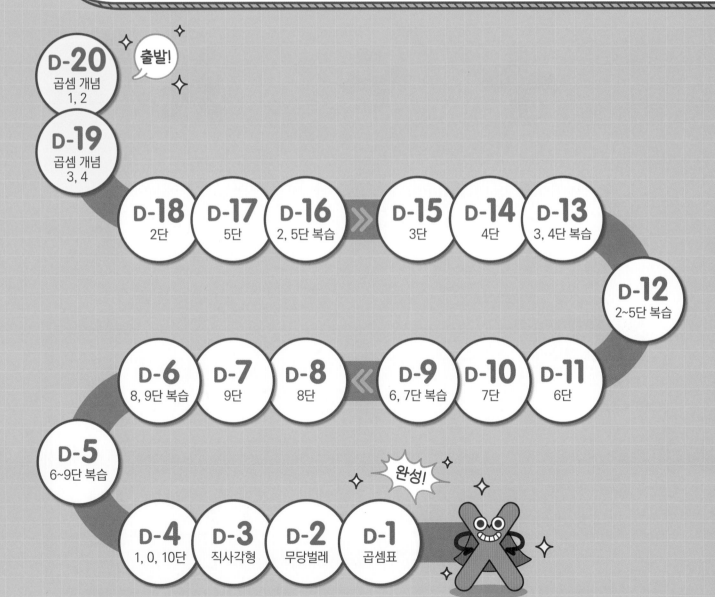

출발!

D-20
곱셈 개념
1, 2

D-19
곱셈 개념
3, 4

D-18
2단

D-17
5단

D-16
2, 5단 복습

D-15
3단

D-14
4단

D-13
3, 4단 복습

D-12
2~5단 복습

D-11
6단

D-10
7단

D-9
6, 7단 복습

D-8
8단

D-7
9단

D-6
8, 9단 복습

D-5
6~9단 복습

D-4
1, 0, 10단

D-3
직사각형

D-2
무당벌레

D-1
곱셈표

완성!

D-20 곱셈 개념 1, 2

개념1 곱셈은 반복 덧셈이다

여러분 비밀 하나 알려 줄까요? 덧셈 기호 +와 곱셈 기호 ×가 형제 사이래요.
어느 날 수학자들이 2를 100번 더한 덧셈식을 쓰는데 너무 길어서 팔이 아팠어요.
그래서 머리 좋은 수학자들은 바로 꾀를 냈어요.
+를 살짝 돌려서 ×를 만들었답니다.
그리고 같은 수를 여러 번 반복해서 더하는 것을 간단하게 곱셈식으로 줄여서 나타냈어요.

동생, 잘 봐!
나 옆구르기 한다!

짜잔!
우리 둘이
닮았죠!

\ 팔이 아파도 100번 써야 한다… /
$2+2+2+2+2+2+2+2+2+\cdots$

\ 간. 단. 히. /
2×100

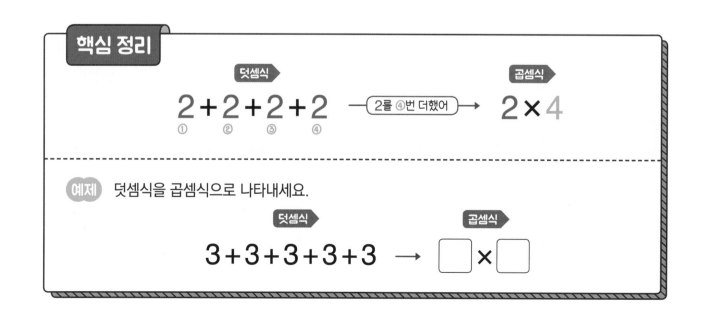

핵심 정리

| 덧셈식 | | 곱셈식 |

$$2+2+2+2 \quad \boxed{2를 ④번 더했어} \rightarrow \quad 2 \times 4$$
① ② ③ ④

예제 덧셈식을 곱셈식으로 나타내세요.

덧셈식 → 곱셈식

$$3+3+3+3+3 \rightarrow \boxed{} \times \boxed{}$$

개념2 곱셈은 뛰어 세기다

수직선에서 2씩 4번 뛰어 세면 8이 돼요. 이건 2를 4번 더한 것과 같아요.
여기서 눈치 좋은 친구들은 알아챘죠?
2를 4번 더한 것을 2×4로 나타낼 수 있다는 걸 말이에요.
그래요! 뛰어 세기도 곱셈과 한 가족이에요. 아마 사촌동생일걸요?

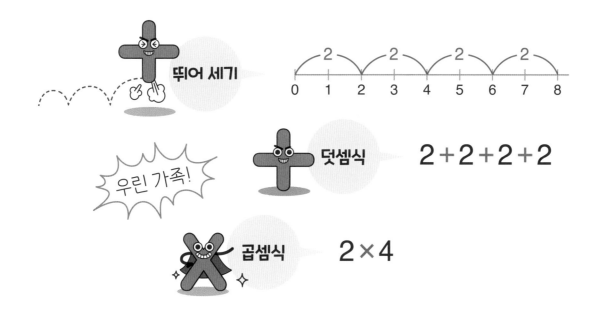

핵심 정리

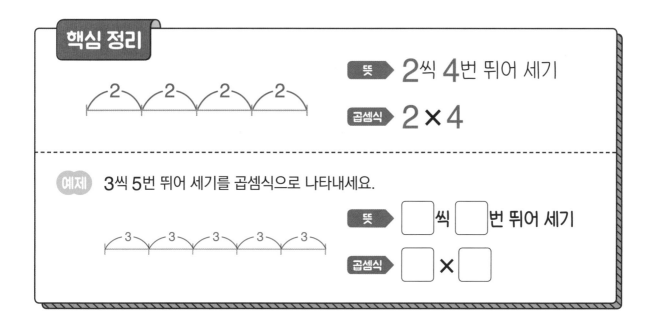

뜻 ▶ 2씩 4번 뛰어 세기

곱셈식 ▶ 2×4

예제 3씩 5번 뛰어 세기를 곱셈식으로 나타내세요.

뜻 ▶ ☐씩 ☐번 뛰어 세기

곱셈식 ▶ ☐×☐

곱셈 개념 1, 2

1 덧셈식을 곱셈식으로 나타내세요.

덧셈식		곱셈식
7+7	➡	7×2
6+6+6+6	➡	
2+2+2+2+2	➡	
4+4+4+4+4+4	➡	
9+9+9+9+9+9+9	➡	

2 곱셈식을 덧셈식으로 나타내세요.

덧셈식		곱셈식
1+1+1+1+1	⬅	1×5
	⬅	7×4
	⬅	8×3
	⬅	5×7
	⬅	3×6

3 뛰어 세기를 곱셈식으로 나타내세요.

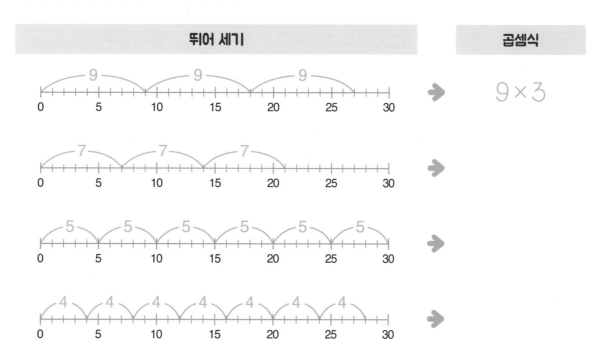

4 곱셈식을 뛰어 세기로 나타내세요.

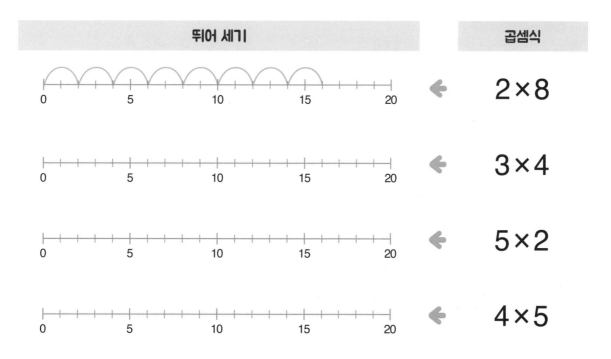

개념3 곱셈은 같은 수 묶음이다

사과가 한 봉지에 2개씩 담겨 있어요. 4봉지에 든 사과는 모두 몇 개일까요?

'2+2+2+2'이니까… 아하! 같은 수를 반복해서 더했으니 곱셈식으로 쓸 수 있겠네요.

곱셈의 친척을 한 명 더 찾았어요. 같은 수 묶음도 곱셈 가족이에요.

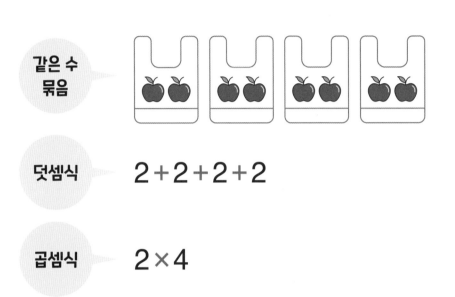

같은 수 묶음

덧셈식 $2+2+2+2$

곱셈식 2×4

주의!

묶음 안의 수가 다를 때는 곱셈으로 나타낼 수 없어요.

$2+2+3+2$

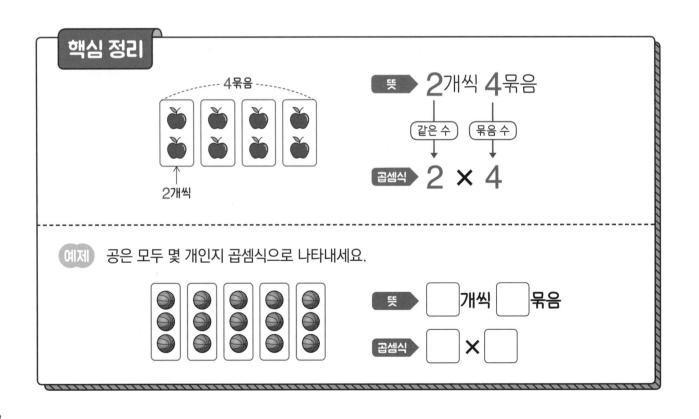

핵심 정리

4묶음

2개씩

뜻 ➡ 2개씩 4묶음

같은 수   묶음 수

곱셈식 2 × 4

예제 공은 모두 몇 개인지 곱셈식으로 나타내세요.

뜻 ➡ ☐ 개씩 ☐ 묶음

곱셈식 ☐ × ☐

개념4 곱셈은 직사각형 배열이다

한 묶음에 2개씩 4묶음의 사과가 있어요.
사과 대신 사각형을 놓으면 세로로 한 줄에 2개씩 4줄의 직사각형 모양이 돼요.
직사각형 배열도 같은 수 묶음과 똑같은 곱셈 가족이에요.

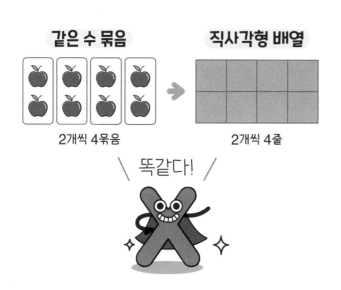

같은 수 묶음 → **직사각형 배열**

2개씩 4묶음   2개씩 4줄

\ 똑같다! /

참고!

(가로)×(세로), (세로)×(가로)
뭐가 맞을까요?

곱셈은 곱하는 두 수의 순서가 바뀌어도 값
이 같아요. 2×4=8, 4×2=8이니까 뭐
가 앞에 오느냐는 중요하지 않아요. 따라서
둘 다 맞습니다. 단, D-19에서는 편의상
(세로)×(가로)인 2×4로 나타내기로 해요.

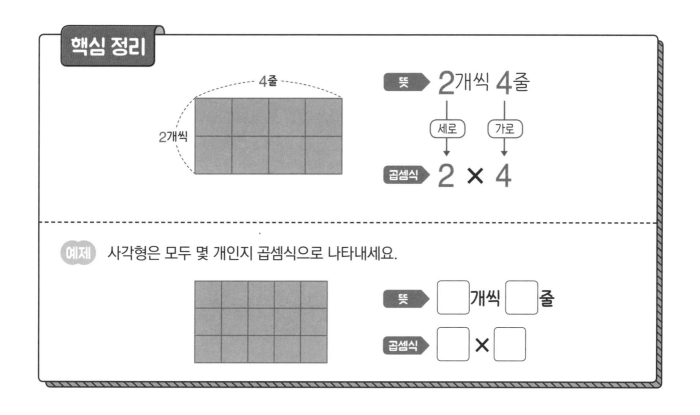

핵심 정리

4줄

2개씩

| 뜻 | **2**개씩 **4**줄 |

세로   가로

| 곱셈식 | **2** × **4** |

예제 사각형은 모두 몇 개인지 곱셈식으로 나타내세요.

| 뜻 | □개씩 □줄 |

| 곱셈식 | □ × □ |

곱셈 개념 3, 4

1 그림을 곱셈식으로 나타내세요.

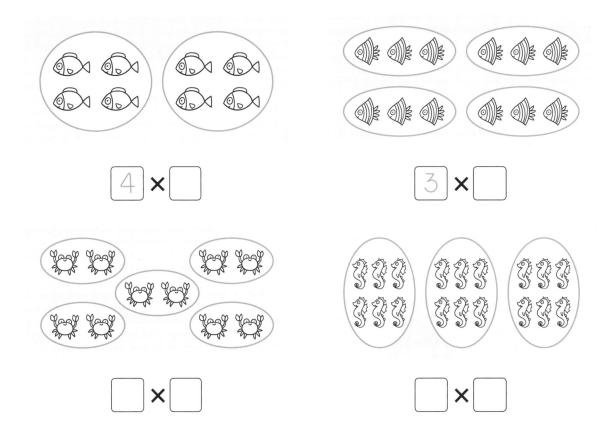

$$4 \times \boxed{}$$

$$3 \times \boxed{}$$

$$\boxed{} \times \boxed{}$$

$$\boxed{} \times \boxed{}$$

2 곱셈식을 그림으로 나타내세요.

$$5 \times 3$$

$$2 \times 4$$

3 사각형을 곱셈식으로 나타내세요.

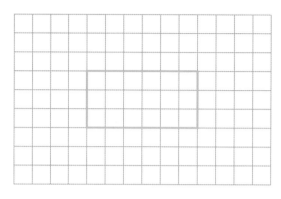

$\boxed{3} \times \boxed{}$

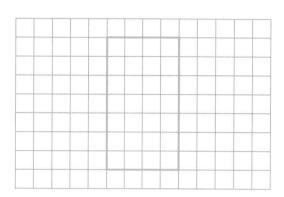

$\boxed{7} \times \boxed{}$

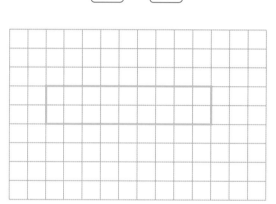

$\boxed{} \times \boxed{}$

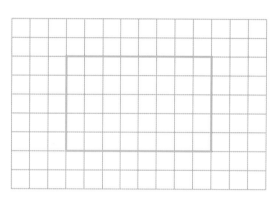

$\boxed{} \times \boxed{}$

4 곱셈식을 사각형으로 나타내세요.

4×5

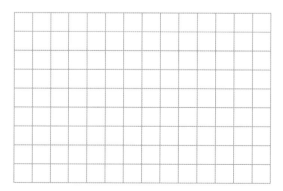

6×3

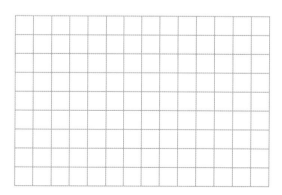

한눈에 보는 곱셈 개념

곱셈은 반복 덧셈이다.

$$2+2+2$$

2를 3번 더하기

곱셈은 뛰어 세기다.

2씩 3번 뛰어 세기

$$2 \times 3$$

곱셈은 같은 수 묶음이다.

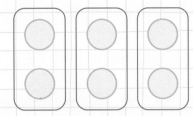

2개씩 3묶음

곱셈은 직사각형 배열이다.

2개씩 3줄

2 본격! 구구단 외우기

앞에서 익힌 구구단의 원리를 이용하면 더 쉽고 효율적으로 외울 수 있습니다.
슈퍼액션 스터디의 액션 동영상을 활용해 즐겁게 외워 볼까요?

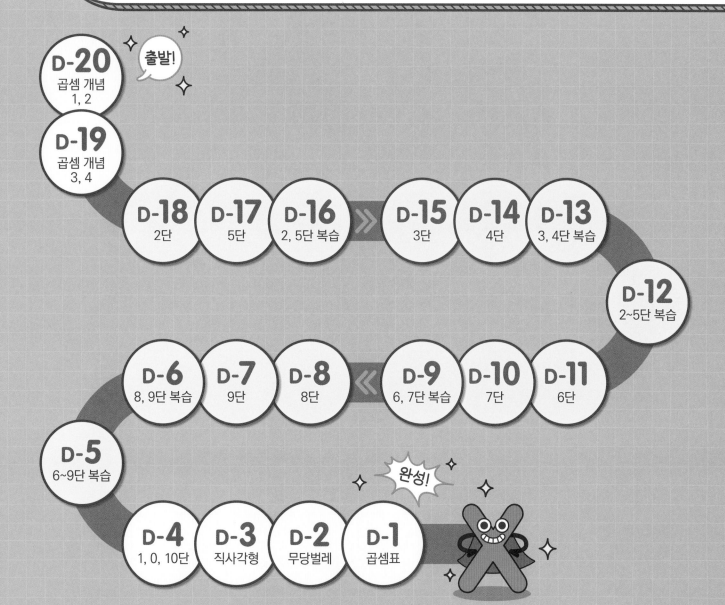

D-20 곱셈 개념 1, 2 출발!

D-19 곱셈 개념 3, 4

D-18 2단

D-17 5단

D-16 2, 5단 복습

D-15 3단

D-14 4단

D-13 3, 4단 복습

D-12 2~5단 복습

D-11 6단

D-10 7단

D-9 6, 7단 복습

D-8 8단

D-7 9단

D-6 8, 9단 복습

D-5 6~9단 복습

D-4 1, 0, 10단

D-3 직사각형

D-2 무당벌레

D-1 곱셈표 완성!

곱셈 개념으로 2단의 원리를 알아보자

2단은 2에 차례로 1부터 9까지 곱한 거예요.
앞에서 배운 곱셈 개념 중 '같은 수 묶음'과 '반복 덧셈'을 활용해서 2단의 곱을 구해 보아요.
오리의 다리는 2개예요. 한 마리가 늘어날 때마다 다리는 몇 개씩 늘어날까요?

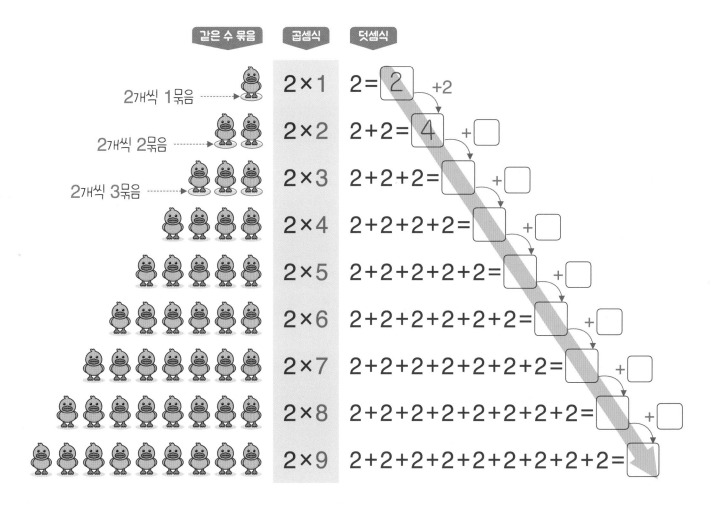

두 수를 곱해서 나온
값을 '곱'이라고 해요.

주황색 화살표 위에 있는 2단의 곱이 몇씩 커지는지 규칙을 찾아보세요.

2단 원리 ▶ "2단의 곱은 □씩 커진다!"

2단을 외우자

2단표

$2 \times 1 = 2$
이 일 이

$2 \times 2 = 4$
이 이 사

$2 \times 3 = 6$
이 삼 육

$2 \times 4 = 8$
이 사 팔

$2 \times 5 = 10$
이 오 십

$2 \times 6 = 12$
이 육 십이

$2 \times 7 = 14$
이 칠 십사

$2 \times 8 = 16$
이 팔 십육

$2 \times 9 = 18$
이 구 십팔

구구단 잘 외우는 비법

❶ 먼저 원리를 이해한다.

원리를 이해하면 쉽게 외워지고,
까먹어도 계산해서 바로 구할 수 있어요.

❷ 큰 소리로 말하고 쓰면서 외운다.

눈으로만 외우면 50 %,
입으로 말하면서 귀로 들으면 80 %,
손으로 쓰면 100 %

❸ 반복해야 안 잊어버린다.

아무리 머리 좋은 사람도
한 번만 외우면 금방 잊어요.
주기적으로 반복 또 반복!

슈퍼액션 스터디 구구단 액션 동영상 활용법

오늘은 2단의 날!

슈퍼액션 스터디와 함께 하루 종일 틈틈이
노래하고 춤추며 2단을 외워요.

1. 교재 뒤에 있는 구구단 S워치를
오려서 손목에 찬다.

2. 시계에 있는 QR코드를 작동시켜
구구단 동영상의 노래와 체조를
즐겁게 따라하자.

2단 외우기

1 2단을 순서대로 외우세요.

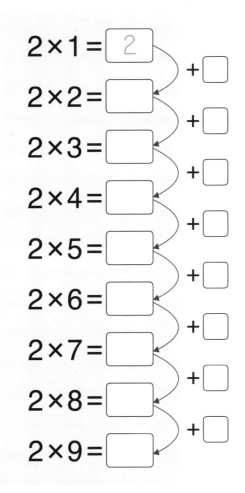

$2 \times 1 = \boxed{2}$
$2 \times 2 = \boxed{}$ $+ \boxed{}$
$2 \times 3 = \boxed{}$ $+ \boxed{}$
$2 \times 4 = \boxed{}$ $+ \boxed{}$
$2 \times 5 = \boxed{}$ $+ \boxed{}$
$2 \times 6 = \boxed{}$ $+ \boxed{}$
$2 \times 7 = \boxed{}$ $+ \boxed{}$
$2 \times 8 = \boxed{}$ $+ \boxed{}$
$2 \times 9 = \boxed{}$

$2 \times \boxed{1} = \boxed{2}$
$2 \times \boxed{} = \boxed{}$
$2 \times \boxed{} = \boxed{}$
$2 \times \boxed{} = \boxed{}$
$2 \times \boxed{} = \boxed{}$
$2 \times \boxed{} = \boxed{}$
$2 \times \boxed{} = \boxed{}$
$2 \times \boxed{} = \boxed{}$
$2 \times \boxed{} = \boxed{}$

2 2단의 곱을 차례대로 따라가 미로를 통과하세요.

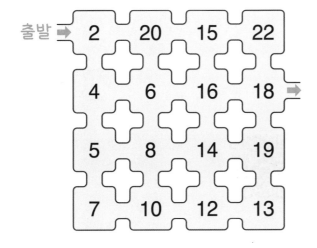
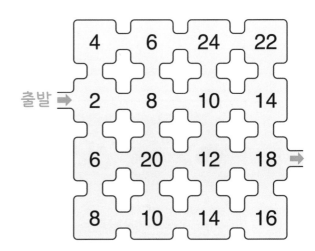

3 2단표를 채우세요.

×	1	2	3	4	5	6	7	8	9
2	2								

×	1	3	5	7
2				

×	2	4	6	8
2				

4 2단을 외우세요.

2×4 = ☐   2×1 = ☐   2×7 = ☐

2×8 = ☐   2×2 = ☐   2×6 = ☐

2×5 = ☐   2×9 = ☐   2×3 = ☐

5 구멍 난 부분에 알맞은 수를 쓰세요.

2 × 7 = ☆   2 × ☆ = 10

2 × ☆ = 4   2 × 8 = ☆

2 × 4 = ☆   2 × ☆ = 12

곱셈 개념으로 5단의 원리를 알아보자

5단은 5에 차례로 1부터 9까지 곱한 거예요.
앞에서 배운 곱셈 개념 중 '같은 수 묶음'과 '반복 덧셈'을 활용해서 5단의 곱을 구해 보아요.
한 손의 손가락은 5개예요. 손이 하나씩 늘어날 때마다 손가락은 몇 개씩 늘어날까요?

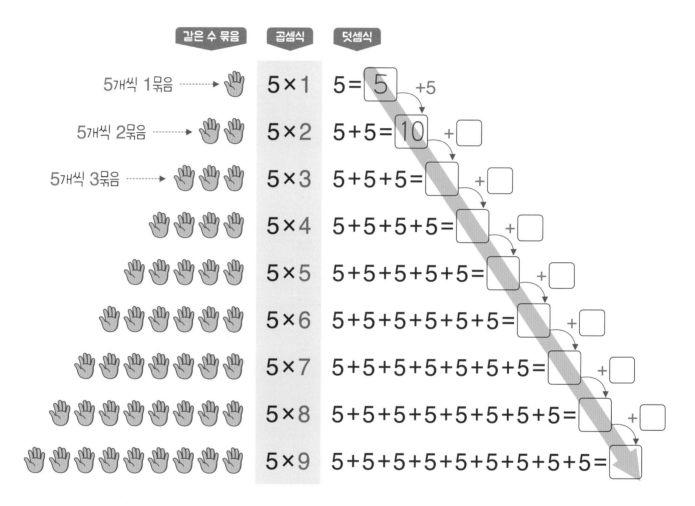

같은 수 묶음	곱셈식	덧셈식
5개씩 1묶음	5×1	5 = 5 +5
5개씩 2묶음	5×2	5+5 = 10 + □
5개씩 3묶음	5×3	5+5+5 = □ + □
	5×4	5+5+5+5 = □ + □
	5×5	5+5+5+5+5 = □ + □
	5×6	5+5+5+5+5+5 = □ + □
	5×7	5+5+5+5+5+5+5 = □ + □
	5×8	5+5+5+5+5+5+5+5 = □ + □
	5×9	5+5+5+5+5+5+5+5+5 = □

주황색 화살표 위에 있는 5단의 곱이 몇씩 커지는지 규칙을 찾아보세요.

5단 원리 ▶ "5단의 곱은 □씩 커진다!"

22

5단을 외우자

5단표

$5 \times 1 = 5$
오 일 오

$5 \times 2 = 10$
오 이 십

$5 \times 3 = 15$
오 삼 십오

$5 \times 4 = 20$
오 사 이십

$5 \times 5 = 25$
오 오 이십오

$5 \times 6 = 30$
오 육 삼십

$5 \times 7 = 35$
오 칠 삼십오

$5 \times 8 = 40$
오 팔 사십

$5 \times 9 = 45$
오 구 사십오

5단을 잘 외우면 시계 보기가 쉽다고?

시계의 시침은 숫자를 따라 읽으면 되는데,
분침은 아니죠. 헷갈리고 어려워요.
이럴 땐 5단을 외워 보세요.

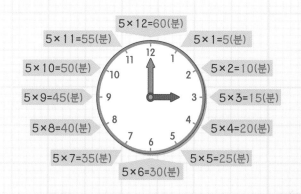

$5 \times 12 = 60$(분)
$5 \times 11 = 55$(분)
$5 \times 1 = 5$(분)
$5 \times 10 = 50$(분)
$5 \times 2 = 10$(분)
$5 \times 9 = 45$(분)
$5 \times 3 = 15$(분)
$5 \times 8 = 40$(분)
$5 \times 4 = 20$(분)
$5 \times 7 = 35$(분)
$5 \times 5 = 25$(분)
$5 \times 6 = 30$(분)

참, 5×10, 5×11, 5×12는 나중에
배우니까 지금은 몰라도 돼요.
하지만! 우리는 5단의 원리를 아니까
'5씩 더하기'를 해서 답을 구할 수
있어요. 원리만 알면 OK!

슈퍼액션
스터디

5단 액션 동영상

오늘은 5단의 날!
하루 종일 틈틈이
노래하고 춤추며 5단을 외워요.

5단 외우기

1 5단을 순서대로 외우세요.

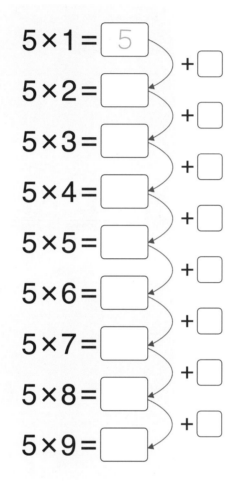

$5 \times 1 = \boxed{5}$ $+\square$
$5 \times 2 = \square$ $+\square$
$5 \times 3 = \square$ $+\square$
$5 \times 4 = \square$ $+\square$
$5 \times 5 = \square$ $+\square$
$5 \times 6 = \square$ $+\square$
$5 \times 7 = \square$ $+\square$
$5 \times 8 = \square$ $+\square$
$5 \times 9 = \square$

$5 \times \boxed{1} = \boxed{5}$
$5 \times \square = \square$
$5 \times \square = \square$
$5 \times \square = \square$
$5 \times \square = \square$
$5 \times \square = \square$
$5 \times \square = \square$
$5 \times \square = \square$
$5 \times \square = \square$

2 5단의 곱을 차례대로 따라가 미로를 통과하세요.

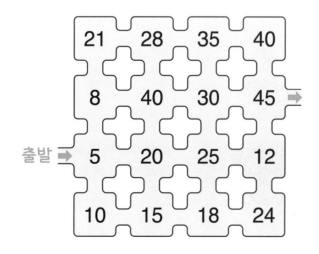

21	28	35	40
8	40	30	45 →
출발 → 5	20	25	12
10	15	18	24

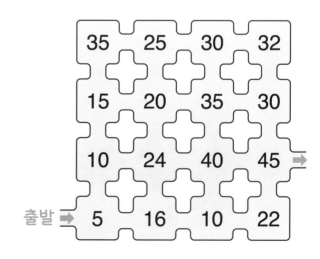

35	25	30	32
15	20	35	30
10	24	40	45 →
출발 → 5	16	10	22

3 5단표를 채우세요.

×	1	2	3	4	5	6	7	8	9
5	5								

×	1	3	5	7
5				

×	2	4	6	8
5				

4 5단을 외우세요.

$5 \times 3 = \boxed{}$ $5 \times 7 = \boxed{}$ $5 \times 6 = \boxed{}$

$5 \times 5 = \boxed{}$ $5 \times 4 = \boxed{}$ $5 \times 9 = \boxed{}$

$5 \times 1 = \boxed{}$ $5 \times 8 = \boxed{}$ $5 \times 2 = \boxed{}$

5 구멍 난 부분에 알맞은 수를 쓰세요.

$5 \times 3 = $ $5 \times = 30$

$5 \times = 20$ $5 \times 7 = $

$5 \times 5 = $ $5 \times = 40$

슈타이너 구구단 도형으로 2단 복습하기

앞에서 배운 2단을 떠올리면서 다음 곱셈표를 채워 보세요.

×	1	2	3	4	5	6	7	8	9
2	2								

+2 +2 +2 +2 +2 +2 +2 +2

2단은 2씩 커지니까 원 위를 2칸씩 뛰어서 선으로 연결해 보세요.
(겹쳐서 그려도 괜찮아요.)

0 → 2 → ☐ → ☐ → 8 → 0

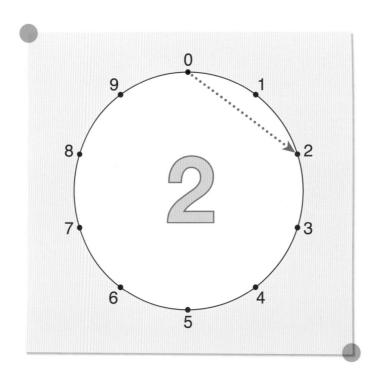

깜짝 확인문제 만들어진 도형은 어떤 모양인가요?

슈타이너 구구단 도형으로 5단 복습하기

앞에서 배운 5단을 떠올리면서 다음 곱셈표를 채워 보세요.

×	1	2	3	4	5	6	7	8	9
5	5								

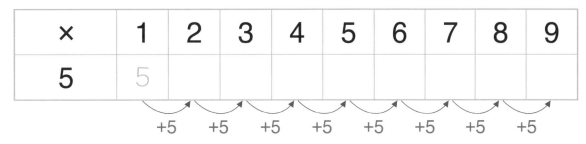

5단은 5씩 커지니까 원 위를 5칸씩 뛰어서 선으로 연결해 보세요.
(겹쳐서 그려도 괜찮아요.)

$$0 \longrightarrow 5 \longrightarrow \boxed{}$$

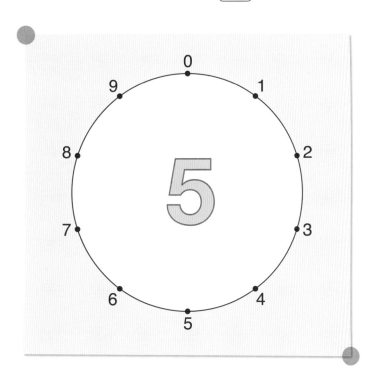

깜짝 확인문제 만들어진 도형은 어떤 모양인가요?

2, 5단 복습

1 2단과 5단을 차례로 외우고, 몇씩 커지는지 알아보세요.

2×1 = [2]   +[ ]
2×2 = [ ]   +[ ]
2×3 = [ ]   +[ ]
2×4 = [ ]   +[ ]
2×5 = [ ]   +[ ]
2×6 = [ ]   +[ ]
2×7 = [ ]   +[ ]
2×8 = [ ]   +[ ]
2×9 = [ ]

5×1 = [5]   +[ ]
5×2 = [ ]   +[ ]
5×3 = [ ]   +[ ]
5×4 = [ ]   +[ ]
5×5 = [ ]   +[ ]
5×6 = [ ]   +[ ]
5×7 = [ ]   +[ ]
5×8 = [ ]   +[ ]
5×9 = [ ]

2 2단과 5단을 외워 쓰세요.

2×3 = [ ]   2×5 = [ ]   2×7 = [ ]

2×8 = [ ]   2×4 = [ ]   2×1 = [ ]

- -

5×5 = [ ]   5×4 = [ ]   5×9 = [ ]

5×6 = [ ]   5×2 = [ ]   5×8 = [ ]

3 빈칸에 알맞은 수를 쓰세요.

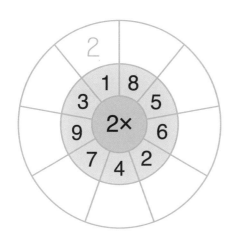 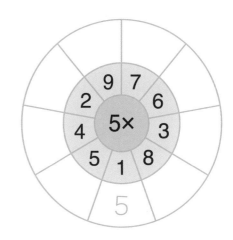

4 알맞은 곱을 찾아 선으로 이으세요.

2×4   5×3   2×8   5×7   2×3

15   25   16   35   8   18   6

5 퍼즐의 빈 조각에 알맞은 수를 쓰세요.

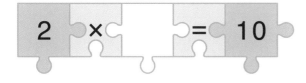 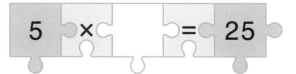

 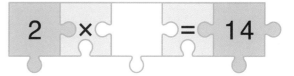

29

3단 외우기

곱셈 개념으로 3단의 원리를 알아보자

3단은 3에 차례로 1부터 9까지 곱한 거예요.
앞에서 배운 곱셈 개념 중 '직사각형 배열'과 '반복 덧셈'을 활용해서 3단의 곱을 구해 보아요.
한 줄에 3개씩 놓여 있는 직사각형이 한 줄씩 늘어날 때마다 직사각형은 몇 개씩 늘어날까요?

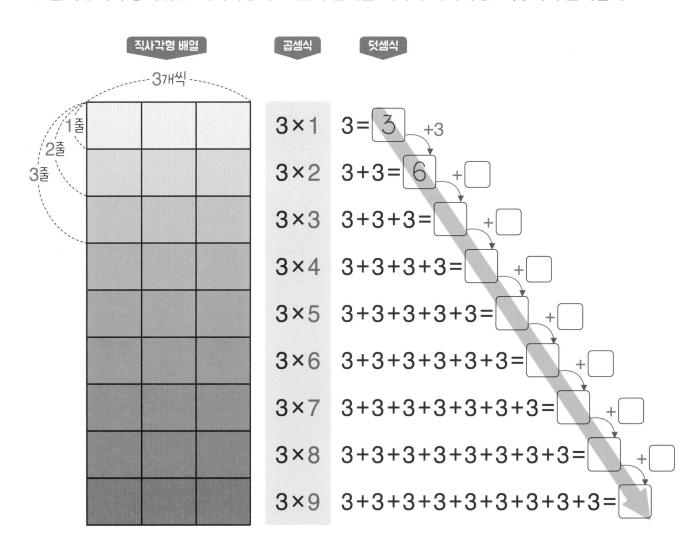

직사각형 배열	곱셈식	덧셈식

3개씩

1줄
2줄
3줄

3×1 $3 = \boxed{3}$ +3

3×2 $3 + 3 = \boxed{6}$ $+\square$

3×3 $3 + 3 + 3 = \boxed{}$ $+\square$

3×4 $3 + 3 + 3 + 3 = \boxed{}$ $+\square$

3×5 $3 + 3 + 3 + 3 + 3 = \boxed{}$ $+\square$

3×6 $3 + 3 + 3 + 3 + 3 + 3 = \boxed{}$ $+\square$

3×7 $3 + 3 + 3 + 3 + 3 + 3 + 3 = \boxed{}$ $+\square$

3×8 $3 + 3 + 3 + 3 + 3 + 3 + 3 + 3 = \boxed{}$ $+\square$

3×9 $3 + 3 + 3 + 3 + 3 + 3 + 3 + 3 + 3 = \boxed{}$

주황색 화살표 위에 있는 3단의 곱이 몇씩 커지는지 규칙을 찾아보세요.

3단 원리 ▶ "**3**단의 곱은 $\square$ 씩 커진다!"

3단을 외우자

3단표

$3 \times 1 = 3$
삼 일 삼

$3 \times 2 = 6$
삼 이 육

$3 \times 3 = 9$
삼 삼 구

$3 \times 4 = 12$
삼 사 십이

$3 \times 5 = 15$
삼 오 십오

$3 \times 6 = 18$
삼 육 십팔

$3 \times 7 = 21$
삼 칠 이십일

$3 \times 8 = 24$
삼 팔 이십사

$3 \times 9 = 27$
삼 구 이십칠

3을 따라 그리는 3단의 곱

3단의 곱만 차례로 외워서 써 보세요.

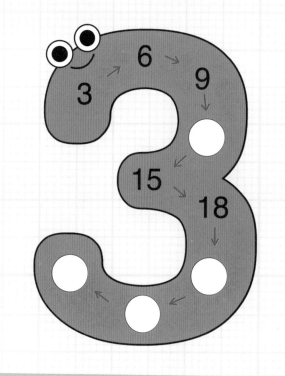

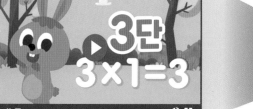

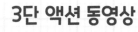

3단 액션 동영상

오늘은 3단의 날!
하루 종일 틈틈이
노래하고 춤추며 3단을 외워요.

3단 외우기

1 3단을 순서대로 외우세요.

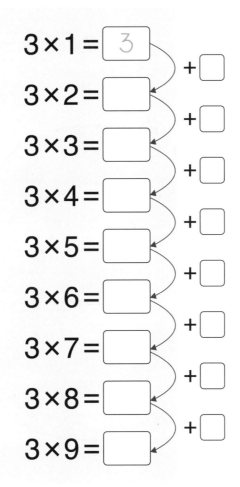

$$3 \times 1 = \boxed{3}$$
$$3 \times 2 = \boxed{}$$
$$3 \times 3 = \boxed{}$$
$$3 \times 4 = \boxed{}$$
$$3 \times 5 = \boxed{}$$
$$3 \times 6 = \boxed{}$$
$$3 \times 7 = \boxed{}$$
$$3 \times 8 = \boxed{}$$
$$3 \times 9 = \boxed{}$$

$$3 \times \boxed{1} = \boxed{3}$$
$$3 \times \boxed{} = \boxed{}$$
$$3 \times \boxed{} = \boxed{}$$
$$3 \times \boxed{} = \boxed{}$$
$$3 \times \boxed{} = \boxed{}$$
$$3 \times \boxed{} = \boxed{}$$
$$3 \times \boxed{} = \boxed{}$$
$$3 \times \boxed{} = \boxed{}$$
$$3 \times \boxed{} = \boxed{}$$

2 3단의 곱을 차례대로 따라가 미로를 통과하세요.

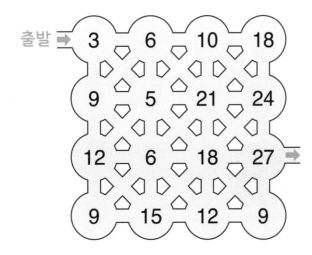

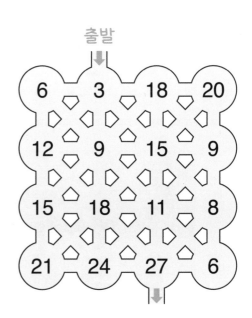

3 3단표를 채우세요.

×	1	2	3	4	5	6	7	8	9
3									

×	1	3	5	7
3				

×	2	4	6	8
3				

4 3단을 외우세요.

$3 \times 3 = \boxed{}$ $3 \times 5 = \boxed{}$ $3 \times 7 = \boxed{}$

$3 \times 2 = \boxed{}$ $3 \times 1 = \boxed{}$ $3 \times 4 = \boxed{}$

$3 \times 6 = \boxed{}$ $3 \times 9 = \boxed{}$ $3 \times 8 = \boxed{}$

5 구멍 난 부분에 알맞은 수를 쓰세요.

$3 \times 4 = $ ✦ $3 \times $ ✦ $ = 3$

$3 \times $ ✦ $ = 9$ $3 \times 7 = $ ✦

$3 \times 9 = $ ✦ $3 \times $ ✦ $ = 15$

곱셈 개념으로 4단의 원리를 알아보자

4단은 4에 차례로 1부터 9까지 곱한 거예요.
앞에서 배운 곱셈 개념 중 '직사각형 배열'과 '반복 덧셈'을 활용해서 4단의 곱을 구해 보아요.
한 줄에 4개씩 놓여 있는 직사각형이 한 줄씩 늘어날 때마다 직사각형은 몇 개씩 늘어날까요?

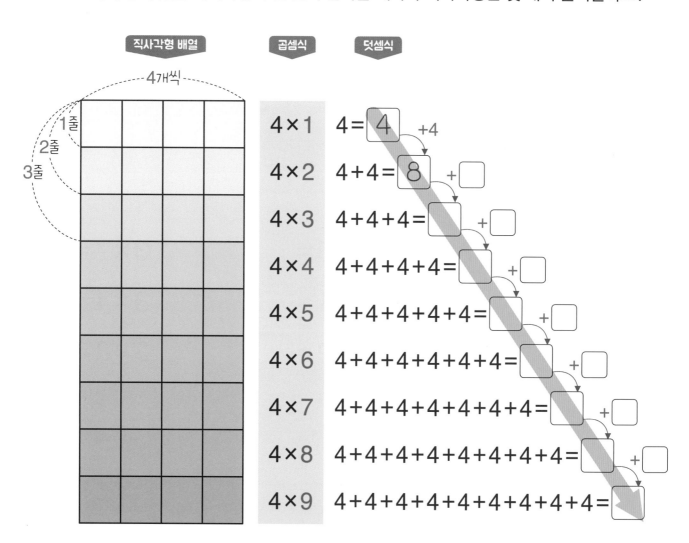

주황색 화살표 위에 있는 4단의 곱이 몇씩 커지는지 규칙을 찾아보세요.

4단 원리 ▶ "4단의 곱은 □씩 커진다!"

4단을 외우자

4단표

$4 \times 1 = 4$
사 일 사

$4 \times 2 = 8$
사 이 팔

$4 \times 3 = 12$
사 삼 십이

$4 \times 4 = 16$
사 사 십육

$4 \times 5 = 20$
사 오 이십

$4 \times 6 = 24$
사 육 이십사

$4 \times 7 = 28$
사 칠 이십팔

$4 \times 8 = 32$
사 팔 삼십이

$4 \times 9 = 36$
사 구 삼십육

4를 따라 그리는 4단의 곱

4단의 곱만 차례로 외워서 써 보세요.

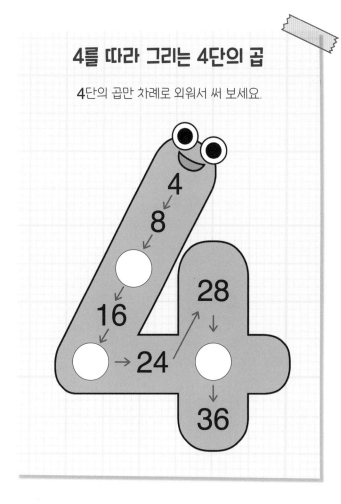

4단 액션 동영상

오늘은 4단의 날!
하루 종일 틈틈이
노래하고 춤추며 4단을 외워요.

4단 외우기

1   4단을 순서대로 외우세요.

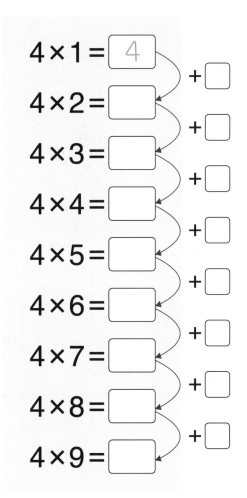

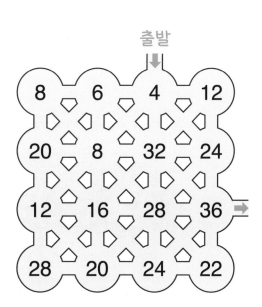

2   4단의 곱을 차례대로 따라가 미로를 통과하세요.

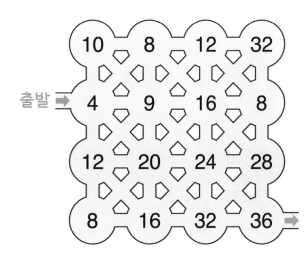

3   4단표를 채우세요.

×	1	2	3	4	5	6	7	8	9
4									

×	1	3	5	7
4				

×	2	4	6	8
4				

4   4단을 외우세요.

$4 \times 4 = \boxed{}$ $4 \times 2 = \boxed{}$ $4 \times 8 = \boxed{}$

$4 \times 1 = \boxed{}$ $4 \times 9 = \boxed{}$ $4 \times 3 = \boxed{}$

$4 \times 5 = \boxed{}$ $4 \times 6 = \boxed{}$ $4 \times 7 = \boxed{}$

5   구멍 난 부분에 알맞은 수를 쓰세요.

$4 \times \bigstar = 16$ $4 \times \bigstar = 20$

$4 \times 7 = \bigstar$ $4 \times 6 = \bigstar$

$4 \times 3 = \bigstar$ $4 \times \bigstar = 32$

슈타이너 구구단 도형으로 3단 복습하기

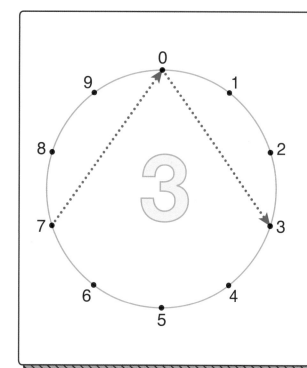

확인 문제

❶ 3단의 곱을 차례로 쓰세요.

3 → 6 → ☐ → 12 → ☐ → ☐

→ 21 → 24 → ☐

❷ 3단은 3씩 커지니까 원 위를 3칸씩 뛰어서 선으로 연결해 보세요.

겹쳐서 그려도 괜찮아요.

슈타이너 구구단 도형으로 4단 복습하기

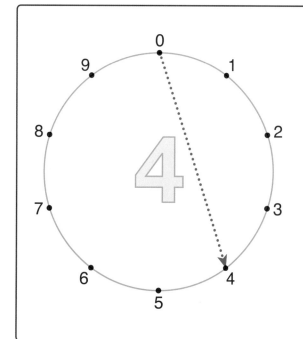

확인 문제

❶ 4단의 곱을 차례로 쓰세요.

4 → 8 → 12 → ☐ → ☐ → 24

→ 28 → ☐ → ☐

❷ 4단은 4씩 커지니까 원 위를 4칸씩 뛰어서 선으로 연결해 보세요.

겹쳐서 그려도 괜찮아요.

휴대전화 3단 암기 B법

3단은 외우기 까다로운 단 중의 하나예요.
하지만 걱정 말아요.
이제부터 휴대전화로 쉽게 외울 수 있는 특급 비법을 알려줄
게요. 오른쪽 휴대전화의 숫자판을 화살표를 따라가며 3단
을 차례로 외워 보세요. 비밀을 찾았나요?
그래요!

곱의 일의 자리 숫자와 **휴대전화 숫자**가 똑같아요.

위에서 아래로!
오른쪽에서 왼쪽으로!

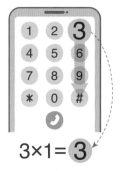

3×1=**3**

3×4=1**2**

일의 자리 숫자

3×7=2⬤

3×2=**6**

3×5=1⬤

3×8=2⬤

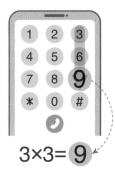

3×3=**9**

3×6=1⬤

3×9=2⬤

3, 4단 복습

1 3단과 4단을 차례로 외우고, 몇씩 커지는지 알아보세요.

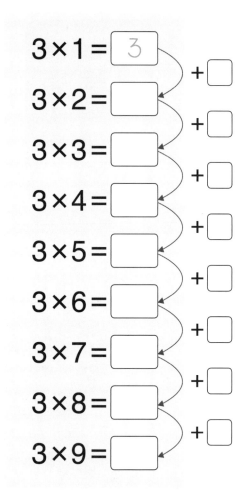

$3 \times 1 =$ ☐ 3 $+$ ☐
$3 \times 2 =$ ☐ $+$ ☐
$3 \times 3 =$ ☐ $+$ ☐
$3 \times 4 =$ ☐ $+$ ☐
$3 \times 5 =$ ☐ $+$ ☐
$3 \times 6 =$ ☐ $+$ ☐
$3 \times 7 =$ ☐ $+$ ☐
$3 \times 8 =$ ☐ $+$ ☐
$3 \times 9 =$ ☐

$4 \times 1 =$ ☐ 4 $+$ ☐
$4 \times 2 =$ ☐ $+$ ☐
$4 \times 3 =$ ☐ $+$ ☐
$4 \times 4 =$ ☐ $+$ ☐
$4 \times 5 =$ ☐ $+$ ☐
$4 \times 6 =$ ☐ $+$ ☐
$4 \times 7 =$ ☐ $+$ ☐
$4 \times 8 =$ ☐ $+$ ☐
$4 \times 9 =$ ☐

2 3단과 4단을 외워 쓰세요.

$3 \times 4 =$ ☐ $3 \times 7 =$ ☐ $3 \times 3 =$ ☐

$3 \times 1 =$ ☐ $3 \times 5 =$ ☐ $3 \times 9 =$ ☐

- -

$4 \times 2 =$ ☐ $4 \times 6 =$ ☐ $4 \times 4 =$ ☐

$4 \times 8 =$ ☐ $4 \times 3 =$ ☐ $4 \times 5 =$ ☐

3 빈칸에 알맞은 수를 쓰세요.

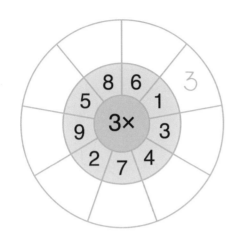
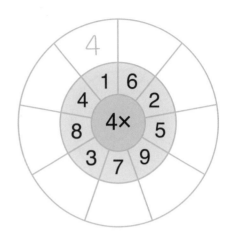

4 알맞은 곱을 찾아 선으로 이으세요.

4×4   3×5   4×8   3×9   4×6

21   32   15   16   24   40   27

5 기차의 빈칸에 알맞은 수를 쓰세요.

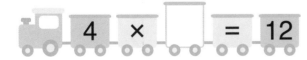

4 × ☐ = 12

4 × ☐ = 32

3 × ☐ = 21

3 × ☐ = 24

D-12 2, 3, 4, 5단 복습

1 각 단의 곱을 순서대로 이어 보세요.

> 2단

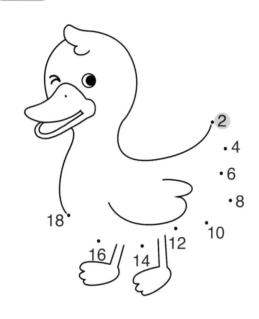

> 3단

> 4단

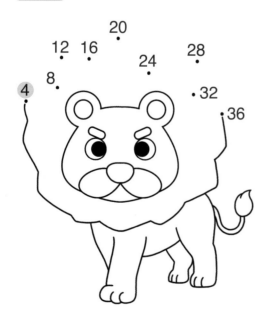

> 5단

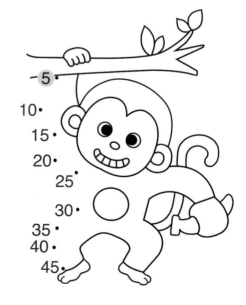

2 곱셈식이 되도록 선을 이어 보세요.

3 ×4 ×8 ×6 =12

3 ×2 ×6 ×5 =18

5 ×7 ×4 ×8 =20

4 ×9 ×5 ×7 =36

2 ×3 ×9 ×5 =10

3 ×4 ×9 ×7 =27

4 ×3 ×4 ×8 =16

5 ×5 ×6 ×9 =45

2, 3, 4, 5단 복습

3 곱을 나타내는 것과 같은 색으로 칠하세요.

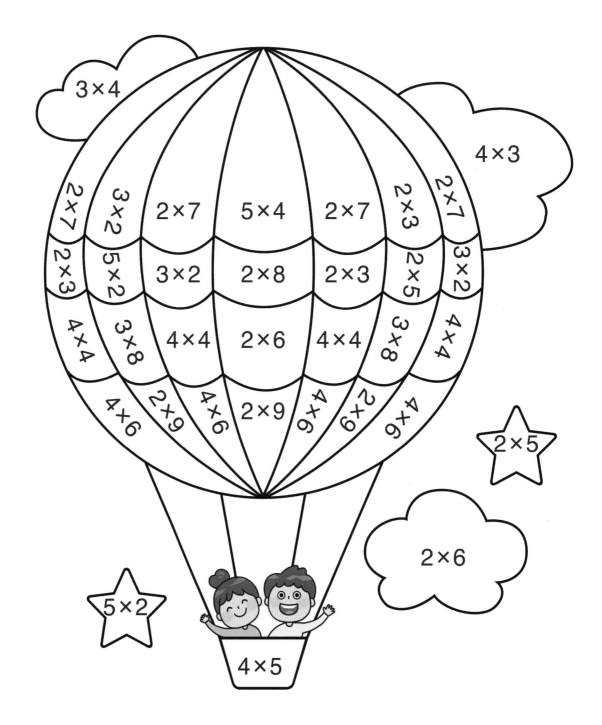

6 10 12 14 16 18 20 24

4 올바른 곱을 찾아 길을 따라 가세요.

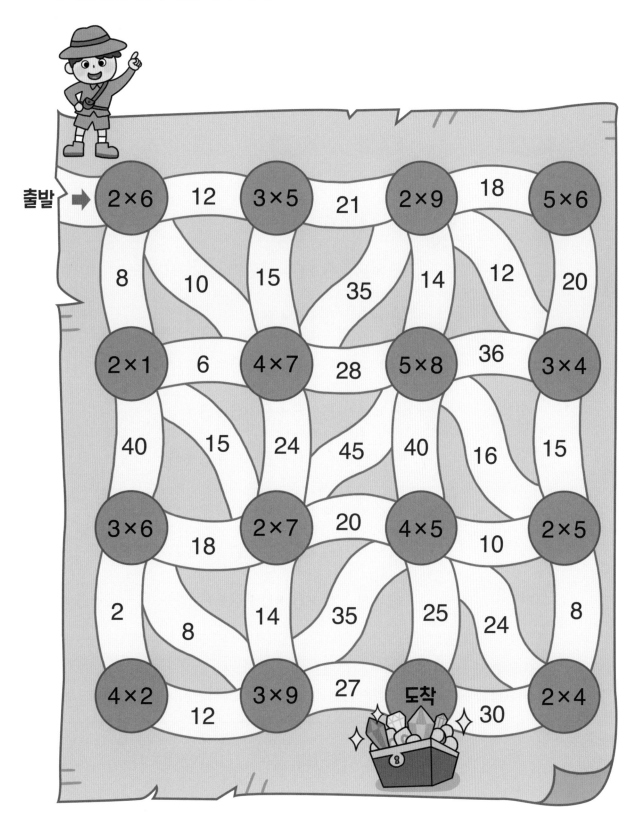

D-11 6단 외우기

곱셈 개념으로 6단의 원리를 알아보자

6단은 6에 차례로 1부터 9까지 곱한 거예요.
앞에서 배운 곱셈 개념 중 '뛰어 세기'와 '반복 덧셈'을 활용해서 6단의 곱을 구해 보아요.
6씩 뛰어 세면서 6단의 규칙을 찾아볼까요?

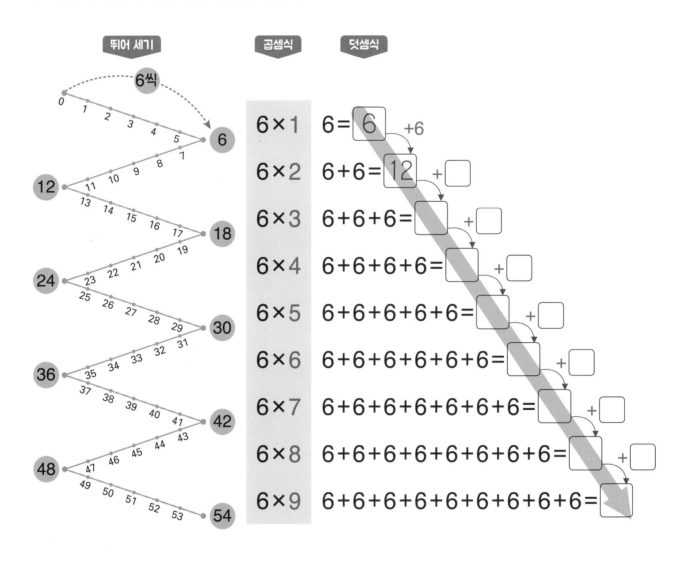

주황색 화살표 위에 있는 6단의 곱이 몇씩 커지는지 규칙을 찾아보세요.

6단 원리 ▶ "6단의 곱은 ☐씩 커진다!"

46

6단을 외우자

6단표

$6 \times 1 = 6$
육 일 육

$6 \times 2 = 12$
육 이 십이

$6 \times 3 = 18$
육 삼 십팔

$6 \times 4 = 24$
육 사 이십사

$6 \times 5 = 30$
육 오 삼십

$6 \times 6 = 36$
육 육 삼십육

$6 \times 7 = 42$
육 칠 사십이

$6 \times 8 = 48$
육 팔 사십팔

$6 \times 9 = 54$
육 구 오십사

5단을 알면 6단은 덤!

5단에 차례로 1부터 9까지 수를 더하면 6단이에요.

$6 \times 1 = 5 + 1 = 6$

$6 \times 2 = 10 + 2 = \boxed{}$

$6 \times 3 = 15 + 3 = 18$

$6 \times 4 = 20 + 4 = \boxed{}$

$6 \times 5 = 25 + 5 = 30$

$6 \times 6 = 30 + 6 = \boxed{}$

$6 \times 7 = 35 + 7 = 42$

$6 \times 8 = 40 + 8 = \boxed{}$

$6 \times 9 = 45 + 9 = 54$

오, 여기는 5단이네!

슈퍼액션
스터디

6단 액션 동영상

오늘은 6단의 날!
하루 종일 틈틈이
노래하고 춤추며 6단을 외워요.

6단
$6 \times 1 = 6$

6단 외우기

1 6단을 순서대로 외우세요.

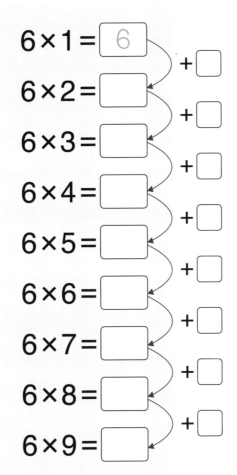

$6 \times 1 = \boxed{6}$
$6 \times 2 = \boxed{}$
$6 \times 3 = \boxed{}$
$6 \times 4 = \boxed{}$
$6 \times 5 = \boxed{}$
$6 \times 6 = \boxed{}$
$6 \times 7 = \boxed{}$
$6 \times 8 = \boxed{}$
$6 \times 9 = \boxed{}$

$6 \times \boxed{1} = \boxed{6}$
$6 \times \boxed{} = \boxed{}$
$6 \times \boxed{} = \boxed{}$
$6 \times \boxed{} = \boxed{}$
$6 \times \boxed{} = \boxed{}$
$6 \times \boxed{} = \boxed{}$
$6 \times \boxed{} = \boxed{}$
$6 \times \boxed{} = \boxed{}$
$6 \times \boxed{} = \boxed{}$

2 6단의 곱을 차례대로 따라가 미로를 통과하세요.

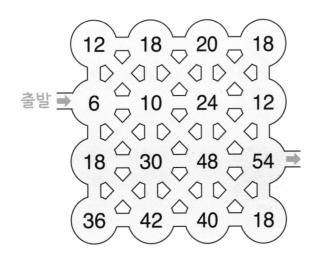

48

3 6단표를 채우세요.

×	1	2	3	4	5	6	7	8	9
6									

×	1	3	5	7
6				

×	2	4	6	8
6				

4 6단을 외우세요.

$6 \times 1 =$ ☐ $6 \times 8 =$ ☐ $6 \times 3 =$ ☐

$6 \times 4 =$ ☐ $6 \times 2 =$ ☐ $6 \times 9 =$ ☐

$6 \times 7 =$ ☐ $6 \times 5 =$ ☐ $6 \times 6 =$ ☐

5 구멍 난 부분에 알맞은 수를 쓰세요.

$6 \times$ ✦ $= 18$ $6 \times 6 =$ ✦

$6 \times 5 =$ ✦ $6 \times$ ✦ $= 12$

$6 \times$ ✦ $= 42$ $6 \times 8 =$ ✦

D-10 7단 외우기

곱셈 개념으로 7단의 원리를 알아보자

7단은 7에 차례로 1부터 9까지 곱한 거예요.
앞에서 배운 곱셈 개념 중 '뛰어 세기'와 '반복 덧셈'을 활용해서 7단의 곱을 구해 보아요.
7씩 뛰어 세면서 7단의 규칙을 찾아볼까요?

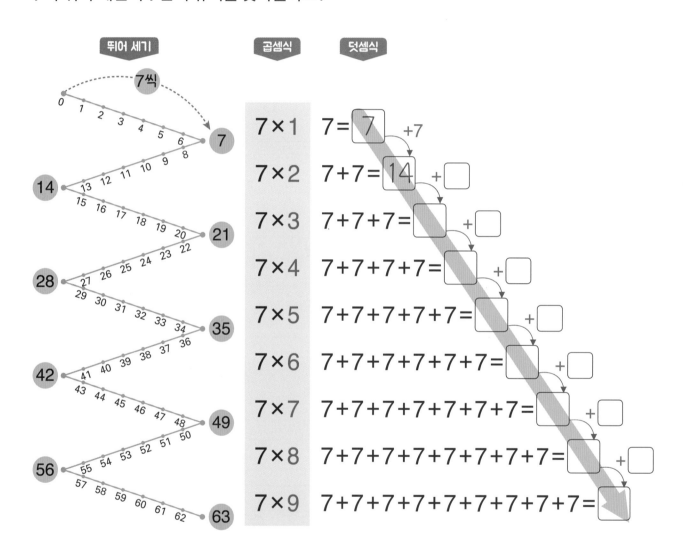

주황색 화살표 위에 있는 7단의 곱이 몇씩 커지는지 규칙을 찾아보세요.

7단 원리 ▶ "7단의 곱은 ☐씩 커진다!"

50

7단을 외우자

7단표

$7 \times 1 = 7$
칠   일   칠

$7 \times 2 = 14$
칠   이   십사

$7 \times 3 = 21$
칠   삼   이십일

$7 \times 4 = 28$
칠   사   이십팔

$7 \times 5 = 35$
칠   오   삼십오

$7 \times 6 = 42$
칠   육   사십이

$7 \times 7 = 49$
칠   칠   사십구

$7 \times 8 = 56$
칠   팔   오십육

$7 \times 9 = 63$
칠   구   육십삼

5단을 알면 7단은 덤!

5단에 차례로 2단을 더하면 7단이에요.

$7 \times 1 = 5 + 2 = 7$

$7 \times 2 = 10 + 4 = \boxed{}$

$7 \times 3 = 15 + 6 = 21$

$7 \times 4 = 20 + 8 = \boxed{}$

$7 \times 5 = 25 + 10 = 35$

$7 \times 6 = 30 + 12 = \boxed{}$

$7 \times 7 = 35 + 14 = 49$

$7 \times 8 = 40 + 16 = \boxed{}$

$7 \times 9 = 45 + 18 = 63$

5단과 2단을 알면
7단도 해결!

7단 액션 동영상

슈퍼액션
스터디

오늘은 7단의 날!
하루 종일 틈틈이
노래하고 춤추며 7단을 외워요.

7단 외우기

1 7단을 순서대로 외우세요.

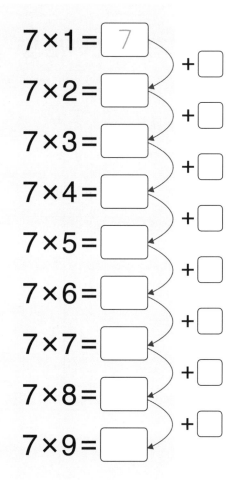

$7 \times 1 = \boxed{7}$

$7 \times 2 = \boxed{}$

$7 \times 3 = \boxed{}$

$7 \times 4 = \boxed{}$

$7 \times 5 = \boxed{}$

$7 \times 6 = \boxed{}$

$7 \times 7 = \boxed{}$

$7 \times 8 = \boxed{}$

$7 \times 9 = \boxed{}$

$7 \times \boxed{1} = \boxed{7}$

$7 \times \boxed{} = \boxed{}$

$7 \times \boxed{} = \boxed{}$

$7 \times \boxed{} = \boxed{}$

$7 \times \boxed{} = \boxed{}$

$7 \times \boxed{} = \boxed{}$

$7 \times \boxed{} = \boxed{}$

$7 \times \boxed{} = \boxed{}$

$7 \times \boxed{} = \boxed{}$

2 7단의 곱을 차례대로 따라가 미로를 통과하세요.

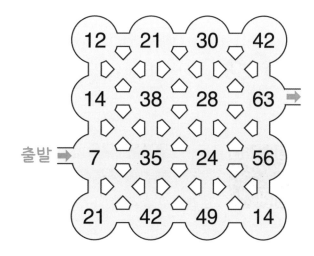

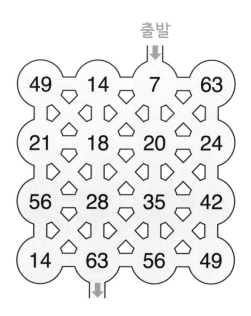

3 7단표를 채우세요.

×	1	2	3	4	5	6	7	8	9
7									

×	1	3	5	7
7				

×	2	4	6	8
7				

4 7단을 외우세요.

7×1 = ☐   7×5 = ☐   7×4 = ☐

7×9 = ☐   7×2 = ☐   7×3 = ☐

7×6 = ☐   7×7 = ☐   7×8 = ☐

5 구멍 난 부분에 알맞은 수를 쓰세요.

7 × ✦ = 21   7 × ✦ = 49

7 × 5 = ✦   7 × 6 = ✦

7 × 2 = ✦   7 × ✦ = 63

D-9 · 6, 7단 복습

슈타이너 구구단 도형으로 6단 복습하기

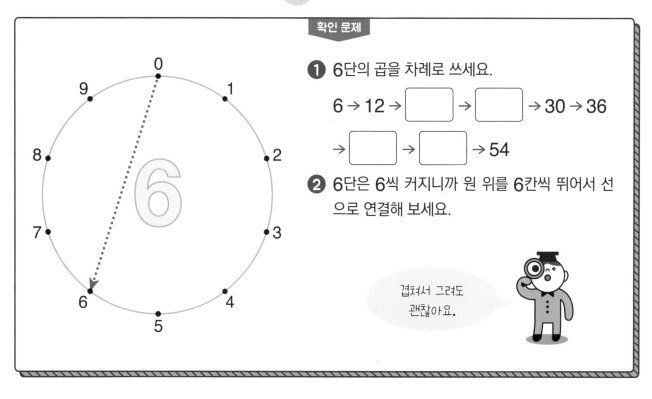

확인 문제

① 6단의 곱을 차례로 쓰세요.

6 → 12 → ☐ → ☐ → 30 → 36

→ ☐ → ☐ → 54

② 6단은 6씩 커지니까 원 위를 6칸씩 뛰어서 선으로 연결해 보세요.

겹쳐서 그려도 괜찮아요.

슈타이너 구구단 도형으로 7단 복습하기

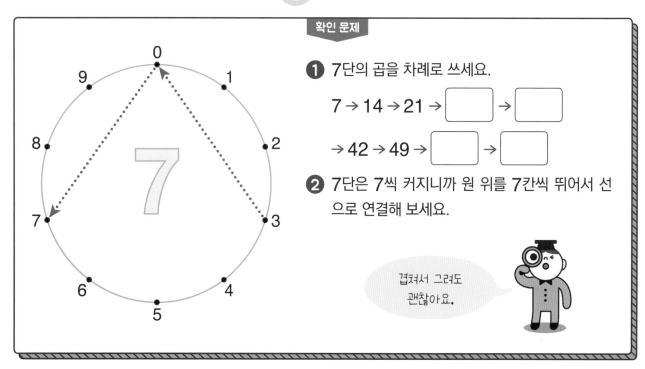

확인 문제

① 7단의 곱을 차례로 쓰세요.

7 → 14 → 21 → ☐ → ☐

→ 42 → 49 → ☐ → ☐

② 7단은 7씩 커지니까 원 위를 7칸씩 뛰어서 선으로 연결해 보세요.

겹쳐서 그려도 괜찮아요.

휴대전화 7단 암기 B법

7단도 3단처럼 외우기 까다로운 단 중의 하나예요.
하지만 걱정 말아요.
3단처럼 휴대전화로 쉽게 외울 수 있는 특급 비법을 알려줄
게요. 오른쪽 휴대전화의 숫자판을 화살표를 따라가며 7단
을 차례로 외워 보세요. 비밀을 찾았나요?
그래요!
곱의 일의 자리 숫자와 **휴대전화 숫자**가 똑같아요.

아래에서 위로!
왼쪽에서 오른쪽으로!

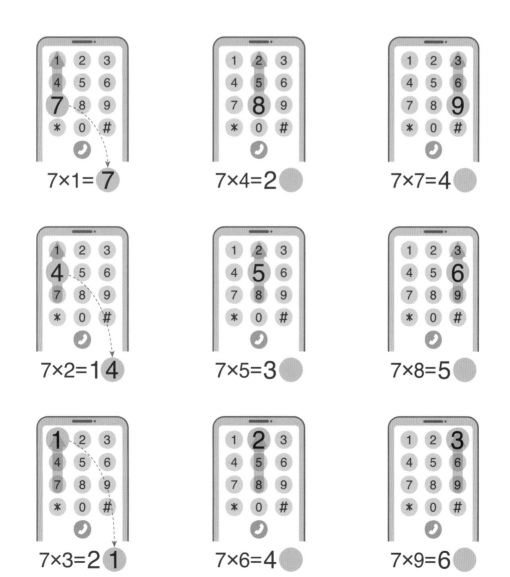

7×1= 7

7×4=2⬤

7×7=4⬤

7×2=14

7×5=3⬤

7×8=5⬤

7×3=21

7×6=4⬤

7×9=6⬤

6, 7단 복습

1 6단과 7단을 차례로 외우고, 몇씩 커지는지 알아보세요.

$6 \times 1 = \boxed{6}$ $+ \square$

$6 \times 2 = \boxed{}$ $+ \square$

$6 \times 3 = \boxed{}$ $+ \square$

$6 \times 4 = \boxed{}$ $+ \square$

$6 \times 5 = \boxed{}$ $+ \square$

$6 \times 6 = \boxed{}$ $+ \square$

$6 \times 7 = \boxed{}$ $+ \square$

$6 \times 8 = \boxed{}$ $+ \square$

$6 \times 9 = \boxed{}$

$7 \times 1 = \boxed{7}$ $+ \square$

$7 \times 2 = \boxed{}$ $+ \square$

$7 \times 3 = \boxed{}$ $+ \square$

$7 \times 4 = \boxed{}$ $+ \square$

$7 \times 5 = \boxed{}$ $+ \square$

$7 \times 6 = \boxed{}$ $+ \square$

$7 \times 7 = \boxed{}$ $+ \square$

$7 \times 8 = \boxed{}$ $+ \square$

$7 \times 9 = \boxed{}$

2 6단과 7단을 외워 쓰세요.

$6 \times 3 = \boxed{}$ $6 \times 8 = \boxed{}$ $6 \times 9 = \boxed{}$

$6 \times 5 = \boxed{}$ $6 \times 6 = \boxed{}$ $6 \times 4 = \boxed{}$

$7 \times 6 = \boxed{}$ $7 \times 9 = \boxed{}$ $7 \times 5 = \boxed{}$

$7 \times 7 = \boxed{}$ $7 \times 4 = \boxed{}$ $7 \times 8 = \boxed{}$

3 빈칸에 알맞은 수를 쓰세요.

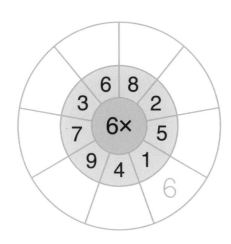 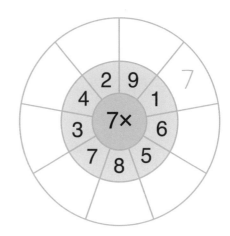

4 알맞은 곱을 찾아 선으로 이으세요.

7×4	6×5	6×8	7×9	7×6

14   28   63   30   42   48   56

5 기차의 빈칸에 알맞은 수를 쓰세요.

7 × □ = 35

6 × □ = 36

6 × □ = 54

7 × □ = 49

곱셈 개념으로 8단의 원리를 알아보자

8단은 8에 차례로 1부터 9까지 곱한 거예요.
앞에서 배운 곱셈 개념 중 '같은 수 묶음'과 '반복 덧셈'을 활용해서 8단의 곱을 구해 보아요.
떡을 8개씩 꽂은 떡꼬치가 있어요. 꼬치가 한 개씩 늘어날 때마다 떡은 몇 개씩 늘어날까요?

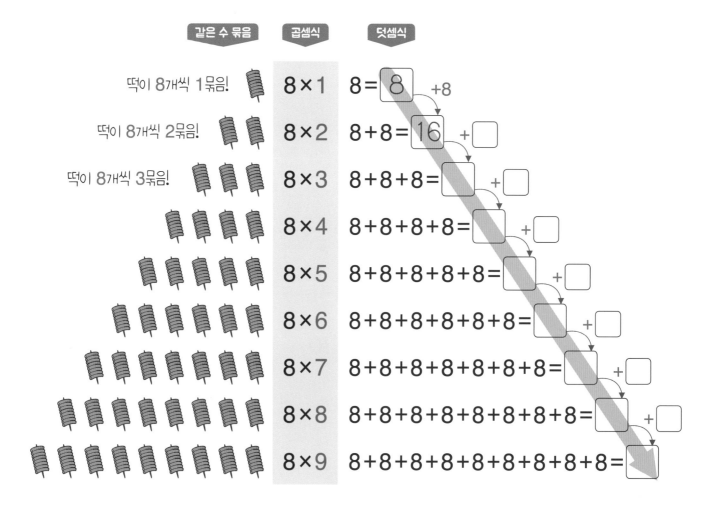

같은 수 묶음	곱셈식	덧셈식
떡이 8개씩 1묶음!	8 × 1	8 = 8 +8
떡이 8개씩 2묶음!	8 × 2	8 + 8 = 16 + ☐
떡이 8개씩 3묶음!	8 × 3	8 + 8 + 8 = ☐ + ☐
	8 × 4	8 + 8 + 8 + 8 = ☐ + ☐
	8 × 5	8 + 8 + 8 + 8 + 8 = ☐ + ☐
	8 × 6	8 + 8 + 8 + 8 + 8 + 8 = ☐ + ☐
	8 × 7	8 + 8 + 8 + 8 + 8 + 8 + 8 = ☐ + ☐
	8 × 8	8 + 8 + 8 + 8 + 8 + 8 + 8 + 8 = ☐ + ☐
	8 × 9	8 + 8 + 8 + 8 + 8 + 8 + 8 + 8 + 8 = ☐

주황색 화살표 위에 있는 8단의 곱이 몇씩 커지는지 규칙을 찾아보세요.

8단 원리 ▶ "**8**단의 곱은 ☐씩 커진다!"

8단을 외우자

8단표

$8 \times 1 = 8$
팔 일 팔

$8 \times 2 = 16$
팔 이 십육

$8 \times 3 = 24$
팔 삼 이십사

$8 \times 4 = 32$
팔 사 삼십이

$8 \times 5 = 40$
팔 오 사십

$8 \times 6 = 48$
팔 육 사십팔

$8 \times 7 = 56$
팔 칠 오십육

$8 \times 8 = 64$
팔 팔 육십사

$8 \times 9 = 72$
팔 구 칠십이

8단에는 어떤 규칙이 있을까?

앞에서 암기한 **5**단과 **3**단을 이용해 보자.

$8 \times 1 = 5 + 3 = 8$

$8 \times 2 = 10 + 6 = $

$8 \times 3 = 15 + 9 = 24$

$8 \times 4 = 20 + 12 = $

$8 \times 5 = 25 + 15 = 40$

$8 \times 6 = 30 + 18 = $

$8 \times 7 = 35 + 21 = 56$

$8 \times 8 = 40 + 24 = $

$8 \times 9 = 45 + 27 = 72$

5단   3단

앞에서 암기한 걸
이용하기만 하면 돼!

8단 액션 동영상

슈퍼액션
스터디

오늘은 8단의 날!
하루 종일 틈틈이
노래하고 춤추며 8단을 외워요.

8단
8×1=8

8단 외우기

1 8단을 순서대로 외우세요.

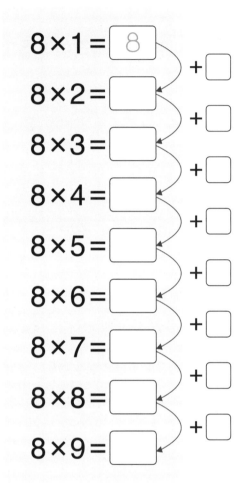

$8 \times 1 = 8$
$8 \times 2 = $ +
$8 \times 3 = $ +
$8 \times 4 = $ +
$8 \times 5 = $ +
$8 \times 6 = $ +
$8 \times 7 = $ +
$8 \times 8 = $ +
$8 \times 9 = $

$8 \times 1 = 8$
$8 \times \square = \square$
$8 \times \square = \square$
$8 \times \square = \square$
$8 \times \square = \square$
$8 \times \square = \square$
$8 \times \square = \square$
$8 \times \square = \square$
$8 \times \square = \square$

2 8단의 곱을 차례대로 따라가 미로를 통과하세요.

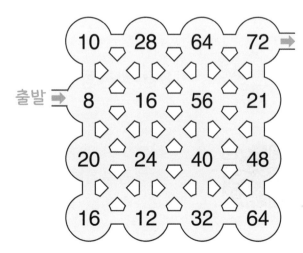

출발 →

| 10 | 28 | 64 | 72 | →

출발 → 8 | 16 | 56 | 21

20 | 24 | 40 | 48

16 | 12 | 32 | 64

출발 ↓

12 | 16 | 8 | 20

30 | 24 | 18 | 40

52 | 35 | 32 | 48

27 | 72 | 64 | 56

↓

3 8단표를 채우세요.

×	1	2	3	4	5	6	7	8	9
8									

×	1	3	5	7
8				

×	2	4	6	8
8				

4 8단을 외우세요.

8×1 = ☐　　　8×7 = ☐　　　8×3 = ☐

8×4 = ☐　　　8×2 = ☐　　　8×9 = ☐

8×8 = ☐　　　8×5 = ☐　　　8×6 = ☐

5 구멍 난 부분에 알맞은 수를 쓰세요.

8 × 7 = ☆　　　8 × ☆ = 16

8 × ☆ = 64　　　8 × 4 = ☆

8 × 3 = ☆　　　8 × ☆ = 40

D-7 9단 외우기

곱셈 개념으로 9단의 원리를 알아보자

9단은 9에 차례로 1부터 9까지 곱한 거예요.
앞에서 배운 곱셈 개념 중 '같은 수 묶음'과 '반복 덧셈'을 활용해서 9단의 곱을 구해 보아요.
한 상자에 9개씩 들어 있는 초콜릿이 있어요.
상자가 한 개씩 늘어날 때마나 초콜릿은 몇 개씩 늘어날까요?

같은 수 묶음	곱셈식	덧셈식
초콜릿이 9개씩 1묶음!	9×1	$9 = \boxed{9}$ $+9$
초콜릿이 9개씩 2묶음!	9×2	$9 + 9 = \boxed{18}$ $+\square$
초콜릿이 9개씩 3묶음!	9×3	$9 + 9 + 9 = \square$ $+\square$
	9×4	$9 + 9 + 9 + 9 = \square$ $+\square$
	9×5	$9 + 9 + 9 + 9 + 9 = \square$ $+\square$
	9×6	$9 + 9 + 9 + 9 + 9 + 9 = \square$ $+\square$
	9×7	$9 + 9 + 9 + 9 + 9 + 9 + 9 = \square$ $+\square$
	9×8	$9 + 9 + 9 + 9 + 9 + 9 + 9 + 9 = \square$ $+\square$
	9×9	$9 + 9 + 9 + 9 + 9 + 9 + 9 + 9 + 9 = \square$

주황색 화살표 위에 있는 9단의 곱이 몇씩 커지는지 규칙을 찾아보세요.

9단 원리 ▶ "9단의 곱은 $\boxed{}$씩 커진다!"

9단을 외우자

9단표

$9 \times 1 = 9$
구 일 구

$9 \times 2 = 18$
구 이 십팔

$9 \times 3 = 27$
구 삼 이십칠

$9 \times 4 = 36$
구 사 삼십육

$9 \times 5 = 45$
구 오 사십오

$9 \times 6 = 54$
구 육 오십사

$9 \times 7 = 63$
구 칠 육십삼

$9 \times 8 = 72$
구 팔 칠십이

$9 \times 9 = 81$
구 구 팔십일

9단에는 어떤 규칙이 있을까?

찾았니? 8단보다 쉬운 규칙이지?

이 0은
쓰지 않아!

$9 \times 1 =$	⓪	9
$9 \times 2 =$	1	8
$9 \times 3 =$	2	
$9 \times 4 =$		6
$9 \times 5 =$	4	5
$9 \times 6 =$	5	
$9 \times 7 =$	6	3
$9 \times 8 =$		2
$9 \times 9 =$	8	1

0부터 1씩
커지네!

9부터 1씩
작아지고 있어!

9단 액션 동영상

오늘은 9단의 날!
하루 종일 틈틈이
노래하고 춤추며 9단을 외워요.

9단 외우기

1 9단을 순서대로 외우세요.

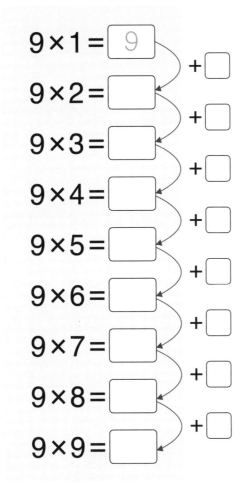

$9 \times 1 = \boxed{9}$

$9 \times 2 = \boxed{}$ $+ \boxed{}$

$9 \times 3 = \boxed{}$ $+ \boxed{}$

$9 \times 4 = \boxed{}$ $+ \boxed{}$

$9 \times 5 = \boxed{}$ $+ \boxed{}$

$9 \times 6 = \boxed{}$ $+ \boxed{}$

$9 \times 7 = \boxed{}$ $+ \boxed{}$

$9 \times 8 = \boxed{}$ $+ \boxed{}$

$9 \times 9 = \boxed{}$

$9 \times \boxed{1} = \boxed{9}$

$9 \times \boxed{} = \boxed{}$

$9 \times \boxed{} = \boxed{}$

$9 \times \boxed{} = \boxed{}$

$9 \times \boxed{} = \boxed{}$

$9 \times \boxed{} = \boxed{}$

$9 \times \boxed{} = \boxed{}$

$9 \times \boxed{} = \boxed{}$

$9 \times \boxed{} = \boxed{}$

2 9단의 곱을 차례대로 따라가 미로를 통과하세요.

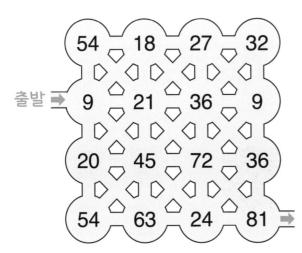
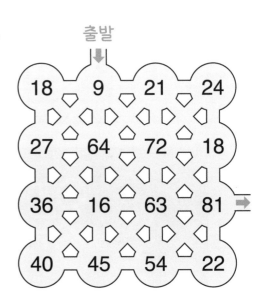

3 9단표를 채우세요.

×	1	2	3	4	5	6	7	8	9
9									

×	1	3	5	7
9				

×	2	4	6	8
9				

4 9단을 외우세요.

9×7 = ☐   9×1 = ☐   9×3 = ☐

9×2 = ☐   9×4 = ☐   9×9 = ☐

9×6 = ☐   9×5 = ☐   9×8 = ☐

5 구멍 난 부분에 알맞은 수를 쓰세요.

9 × ☆ = 27   9 × ☆ = 63

9 × 8 = ☆   9 × 4 = ☆

9 × 6 = ☆   9 × ☆ = 18

D-6 8, 9단 복습

슈타이너 구구단 도형으로 8단 복습하기

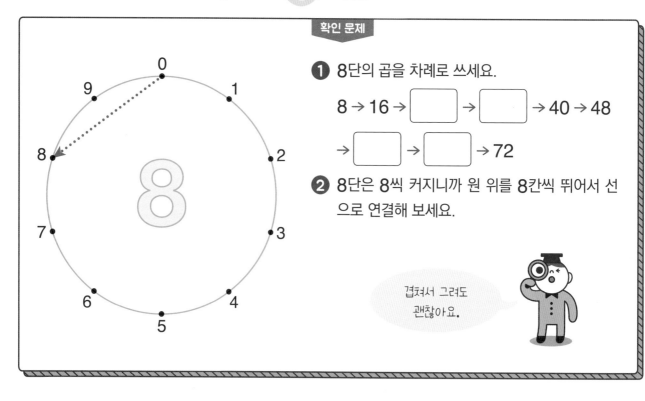

확인 문제

❶ 8단의 곱을 차례로 쓰세요.

8 → 16 → ☐ → ☐ → 40 → 48
→ ☐ → ☐ → 72

❷ 8단은 8씩 커지니까 원 위를 8칸씩 뛰어서 선으로 연결해 보세요.

겹쳐서 그려도
괜찮아요.

슈타이너 구구단 도형으로 9단 복습하기

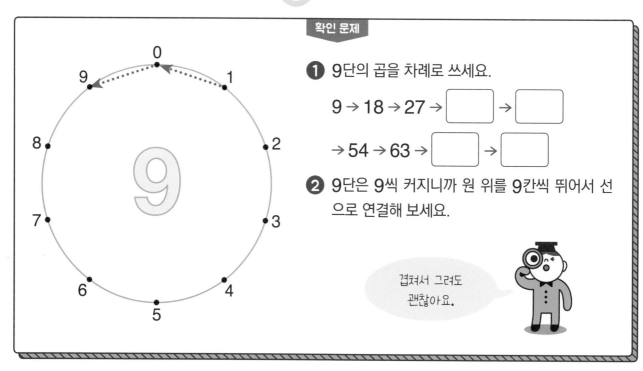

확인 문제

❶ 9단의 곱을 차례로 쓰세요.

9 → 18 → 27 → ☐ → ☐
→ 54 → 63 → ☐ → ☐

❷ 9단은 9씩 커지니까 원 위를 9칸씩 뛰어서 선으로 연결해 보세요.

겹쳐서 그려도
괜찮아요.

손가락 9단 암기 B법

양손만 있으면 어려워 보이는 9단도 척척 말할 수 있어요.
자, 손가락을 쫙 펴고 선생님을 따라해 보세요.
양손을 손바닥이 얼굴을 향하게 두고 손가락을 펼쳐요.
손가락마다 1부터 10까지 이름을 붙여 주세요.

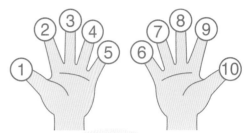

곱하는 숫자의
손가락에
모자를 씌워 주세요!

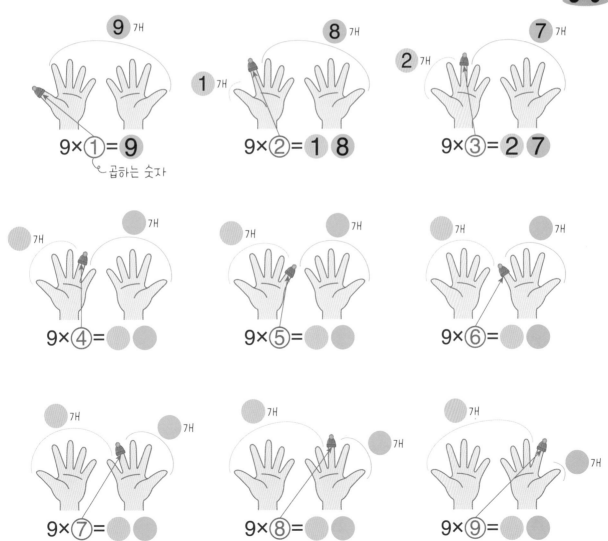

9 7H
9×①= 9
곱하는 숫자

8 7H
1 7H
9×②= 1 8

7 7H
2 7H
9×③= 2 7

7H
7H
9×④=

7H
7H
9×⑤=

7H
7H
9×⑥=

7H
7H
9×⑦=

7H
7H
9×⑧=

7H
7H
9×⑨=

8, 9단 복습

1 8단과 9단을 차례로 외우고, 몇씩 커지는지 알아보세요.

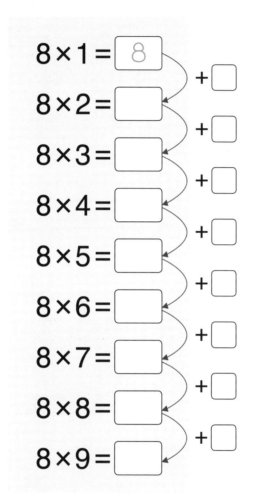

$8 \times 1 = 8$ +☐
$8 \times 2 = ☐$ +☐
$8 \times 3 = ☐$ +☐
$8 \times 4 = ☐$ +☐
$8 \times 5 = ☐$ +☐
$8 \times 6 = ☐$ +☐
$8 \times 7 = ☐$ +☐
$8 \times 8 = ☐$ +☐
$8 \times 9 = ☐$

$9 \times 1 = 9$ +☐
$9 \times 2 = ☐$ +☐
$9 \times 3 = ☐$ +☐
$9 \times 4 = ☐$ +☐
$9 \times 5 = ☐$ +☐
$9 \times 6 = ☐$ +☐
$9 \times 7 = ☐$ +☐
$9 \times 8 = ☐$ +☐
$9 \times 9 = ☐$

2 8단과 9단을 외워 쓰세요.

$8 \times 2 = ☐$ $8 \times 6 = ☐$ $8 \times 4 = ☐$

$8 \times 5 = ☐$ $8 \times 9 = ☐$ $8 \times 8 = ☐$

$9 \times 3 = ☐$ $9 \times 5 = ☐$ $9 \times 8 = ☐$

$9 \times 7 = ☐$ $9 \times 9 = ☐$ $9 \times 4 = ☐$

3 빈칸에 알맞은 수를 쓰세요.

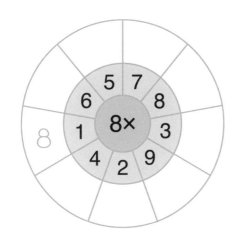 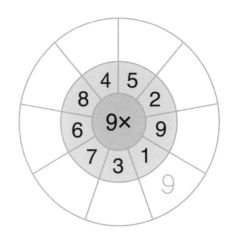

4 알맞은 곱을 찾아 선으로 이으세요.

| 9×3 | 8×2 | 9×5 | 9×7 | 8×4 |

15   27   16   63   20   32   45

5 기차의 빈칸에 알맞은 수를 쓰세요.

8 × □ = 24

9 × □ = 54

8 × □ = 40

9 × □ = 72

1 올바른 곱을 찾아 색칠하세요.

6×9		
14	34	54

7×8		
56	49	42

8×4		
16	32	40

9×2		
9	18	27

6×6		
36	48	42

7×3		
28	35	21

8×7		
48	56	64

9×5		
30	36	45

7×7		
35	42	49

9×9		
18	81	72

8×3		
24	32	40

6×8		
42	48	50

6×4		
18	24	30

7×9		
49	56	63

8×5		
40	48	56

2 곱에 맞는 색을 찾아 칠하세요.

36, 42, 48, 49, 54   21, 35, 63

40, 64, 72, 81   30, 56   16, 24

6, 7, 8, 9단 복습

3 꽃의 가운데에 있는 수가 곱이 되는 두 수를 찾아 꽃잎을 색칠하세요.

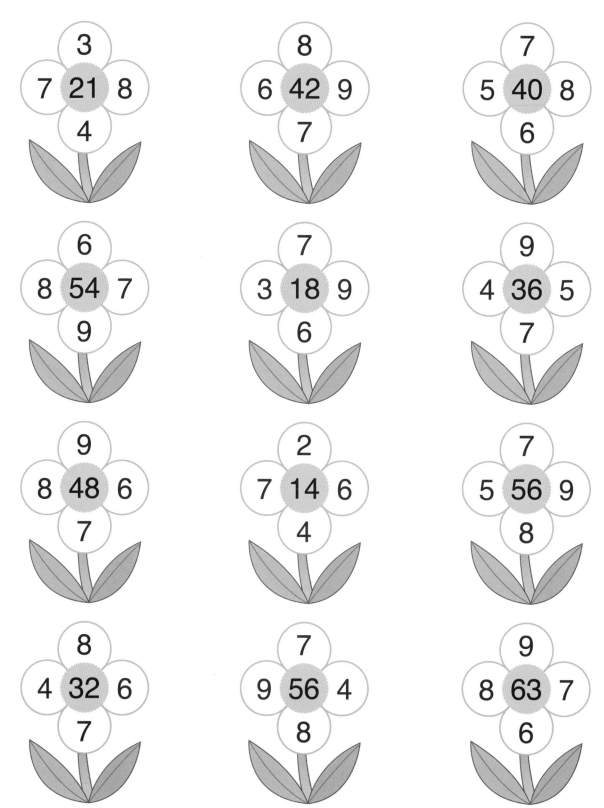

4 올바른 곱을 찾아 길을 따라 가세요.

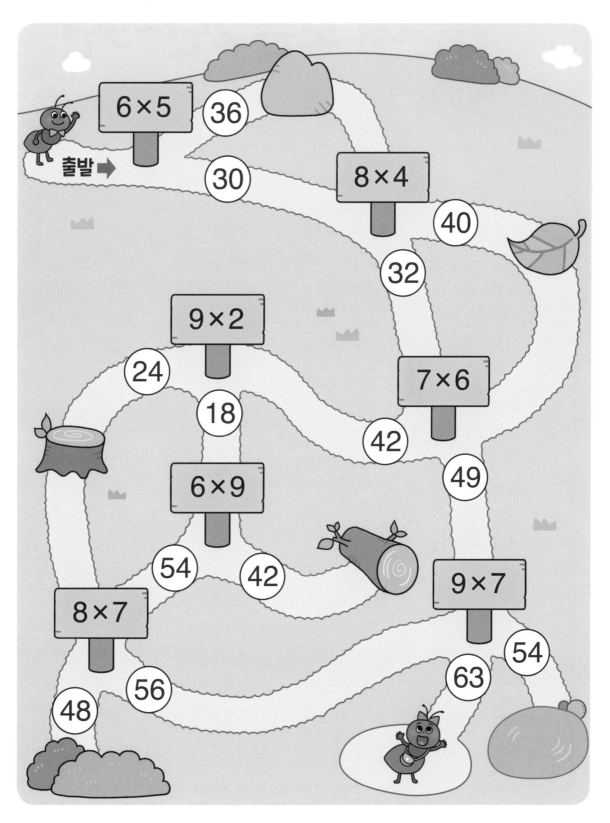

한눈에 보는 2단~9단

2단
2×1=2
2×2=4
2×3=6
2×4=8
2×5=10
2×6=12
2×7=14
2×8=16
2×9=18

3단
3×1=3
3×2=6
3×3=9
3×4=12
3×5=15
3×6=18
3×7=21
3×8=24
3×9=27

4단
4×1=4
4×2=8
4×3=12
4×4=16
4×5=20
4×6=24
4×7=28
4×8=32
4×9=36

5단
5×1=5
5×2=10
5×3=15
5×4=20
5×5=25
5×6=30
5×7=35
5×8=40
5×9=45

6단
6×1=6
6×2=12
6×3=18
6×4=24
6×5=30
6×6=36
6×7=42
6×8=48
6×9=54

7단
7×1=7
7×2=14
7×3=21
7×4=28
7×5=35
7×6=42
7×7=49
7×8=56
7×9=63

8단
8×1=8
8×2=16
8×3=24
8×4=32
8×5=40
8×6=48
8×7=56
8×8=64
8×9=72

9단
9×1=9
9×2=18
9×3=27
9×4=36
9×5=45
9×6=54
9×7=63
9×8=72
9×9=81

3 응용! 구구단의 비밀

2~9단만 있을까요? 1단, 0단, 10단도 있습니다.
앞에서 익힌 원리와 구구단을 이용해 한 걸음 더 나가 볼까요?

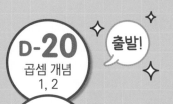

출발!

D-20
곱셈 개념
1, 2

D-19
곱셈 개념
3, 4

D-18
2단

D-17
5단

D-16
2, 5단 복습

D-15
3단

D-14
4단

D-13
3, 4단 복습

D-12
2~5단 복습

D-6
8, 9단 복습

D-7
9단

D-8
8단

D-9
6, 7단 복습

D-10
7단

D-11
6단

D-5
6~9단 복습

완성!

D-4
1, 0, 10단

D-3
직사각형

D-2
무당벌레

D-1
곱셈표

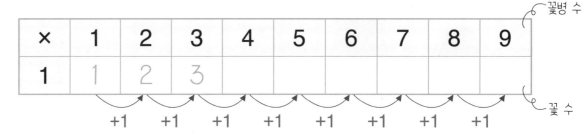

D-4 1, 0, 10단의 비밀

1단의 비밀을 알아보자

꽃병 1개에 꽃이 1송이씩 꽂혀 있어요.
꽃병의 수가 늘어날 때마다 꽃은 몇 송이씩 늘어나는지 알아볼까요?

꽃병 수

×	1	2	3	4	5	6	7	8	9
1	1	2	3						

꽃 수

+1 +1 +1 +1 +1 +1 +1 +1

1을 곱한다는 것은 자신을 다시 한 번 나타내는 것과 같아요.

1단의 비밀 ▶ "**1**과 어떤 수의 곱은 항상 [　　] 가 된다!"

0단의 비밀을 알아보자

꽃이 꽂혀 있지 않은 빈 꽃병이 있어요. 꽃병의 수가 늘어나도 꽃은 변함없이 없어요.

꽃병 수

×	1	2	3	4	5	6	7	8	9
0	0	0	0						

꽃 수

+0 +0 +0 +0 +0 +0 +0 +0

0은 몇 번을 더해도 0!

0단의 비밀 ▶ "**0**과 어떤 수의 곱은 항상 [　] 이 된다!"

10단의 비밀을 알아보자

달걀이 한 상자에 10개씩 들어 있어요.
상자의 수가 늘어날 때마다 달걀의 수는 몇 개씩 늘어날까요?

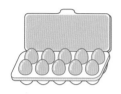

×	1	2	3	4	5	6	7	8	9
10	10	20	30						

상자 수

달걀 수

+10 +10 +10 +10 +10 +10 +10 +10

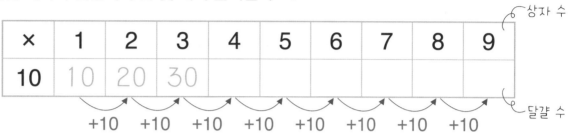

곱하는 수 뒤에 0을 하나씩 붙여 주면, 바로 곱이 돼요.

10단의 비밀 ➤ "**10**단의 곱은 ☐ 씩 커진다!"

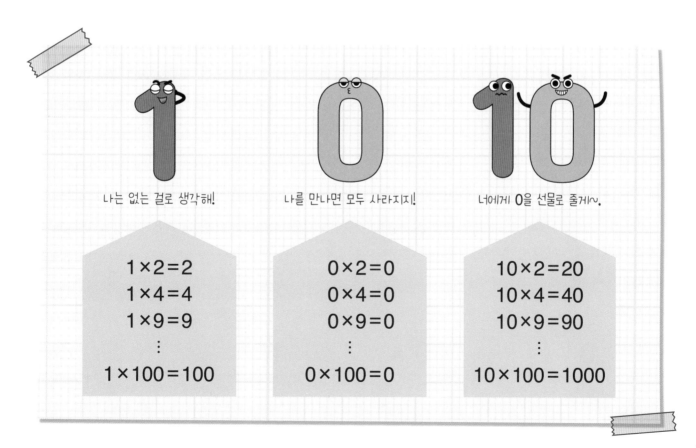

나는 없는 걸로 생각해!

$1 \times 2 = 2$
$1 \times 4 = 4$
$1 \times 9 = 9$
⋮
$1 \times 100 = 100$

나를 만나면 모두 사라지지!

$0 \times 2 = 0$
$0 \times 4 = 0$
$0 \times 9 = 0$
⋮
$0 \times 100 = 0$

너에게 0을 선물로 줄게∼.

$10 \times 2 = 20$
$10 \times 4 = 40$
$10 \times 9 = 90$
⋮
$10 \times 100 = 1000$

1, 0, 10단의 비밀

1 1단, 0단, 10단을 순서대로 외우세요.

$1 \times 1 = \boxed{1}$　　$0 \times 1 = \boxed{0}$　　$10 \times 1 = \boxed{10}$

$1 \times 2 = \boxed{}$　　$0 \times 2 = \boxed{}$　　$10 \times 2 = \boxed{}$

$1 \times 3 = \boxed{}$　　$0 \times 3 = \boxed{}$　　$10 \times 3 = \boxed{}$

$1 \times 4 = \boxed{}$　　$0 \times 4 = \boxed{}$　　$10 \times 4 = \boxed{}$

$1 \times 5 = \boxed{}$　　$0 \times 5 = \boxed{}$　　$10 \times 5 = \boxed{}$

$1 \times 6 = \boxed{}$　　$0 \times 6 = \boxed{}$　　$10 \times 6 = \boxed{}$

$1 \times 7 = \boxed{}$　　$0 \times 7 = \boxed{}$　　$10 \times 7 = \boxed{}$

$1 \times 8 = \boxed{}$　　$0 \times 8 = \boxed{}$　　$10 \times 8 = \boxed{}$

$1 \times 9 = \boxed{}$　　$0 \times 9 = \boxed{}$　　$10 \times 9 = \boxed{}$

2 빈칸에 알맞은 수를 쓰세요.

1			0	×3			10				8
×9							×6			1	×

0			10	×			10				6
×4				10			×5			1	×

3 10단, 0단, 1단표를 채우세요.

×	1	2	3	4	5	6	7	8	9
10									

×	1	3	5	7
0				

×	2	4	6	8
1				

4 ☐ 안에 알맞은 곱을 쓰세요.

$1 \times 5 =$ ☐ $10 \times 4 =$ ☐ $0 \times 3 =$ ☐

$0 \times 1 =$ ☐ $1 \times 2 =$ ☐ $10 \times 6 =$ ☐

$10 \times 8 =$ ☐ $0 \times 7 =$ ☐ $1 \times 9 =$ ☐

5 구멍 난 부분에 알맞은 수를 찾아 연결하세요.

$5 \times$ ✦ $= 5$ ·   · 0 ·   · $8 \times$ ✦ $= 80$

$5 \times$ ✦ $= 50$ ·   · 1 ·   · $8 \times$ ✦ $= 0$

$5 \times$ ✦ $= 0$ ·   · 10 ·   · $8 \times$ ✦ $= 8$

곱하는 순서의 비밀을 알아보자

작은 사각형들을 직사각형 모양으로 늘어놓고 몇 개인지 세어 보면서 구구단을 익혔어요.
이 직사각형 모양을 돌려 볼까요?

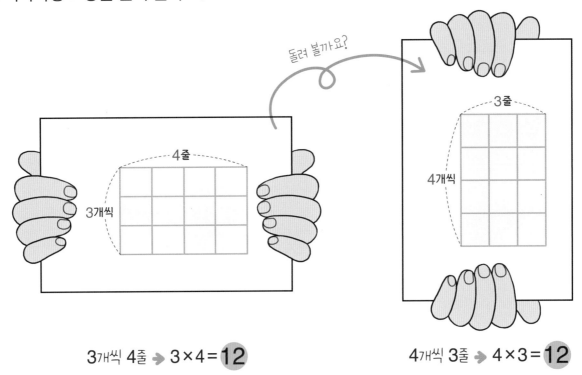

3개씩 4줄 ➡ 3×4 = **12**

4개씩 3줄 ➡ 4×3 = **12**

여기서 잠깐!
중학교에서 계산 순서를 바꿔 계산하는 걸 교환한다고 하는데,
순서를 바꿔도 계산 결과가 같으면 교환법칙이 성립한다고 해.

곱하는 순서의 비밀 "곱하는 두 수의 순서를 바꾸어 곱해도 결과는 〔　〕!"

3 × 4 = 4 × 3

곱을 나타내는 방법의 비밀을 알아보자

하나의 곱을 나타내는 방법이 한 가지만 있는 건 아니에요.
직사각형 모양을 바꿔 볼까요?

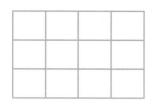

3×4=12

4×3=12

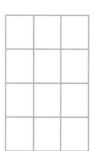

6×2=12

2×6=12

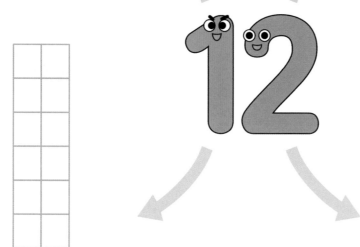

곱을 나타내는 방법의 비밀

어떤 수를 두 수의 곱으로 나타낼 수 있는 방법은 여러 가지예요.

$$4 \times \boxed{} = 12 \qquad 3 \times \boxed{} = 12$$

$$2 \times \boxed{} = 12 \qquad 6 \times \boxed{} = 12$$

직사각형의 비밀

1 그림을 보고 순서를 바꾸어 곱셈을 해 보세요.

$$4 \times 8 = \boxed{}$$

$$8 \times \boxed{} = \boxed{}$$

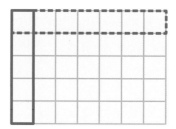

$$5 \times 7 = \boxed{}$$

$$7 \times \boxed{} = \boxed{}$$

$$2 \times 7 = \boxed{}$$

$$7 \times \boxed{} = \boxed{}$$

$$3 \times 9 = \boxed{}$$

$$9 \times \boxed{} = \boxed{}$$

2 곱이 같은 것을 찾아 선으로 이으세요.

9×6

3×5

4×7

2×8

8×2

7×4

6×9

5×3

3 여러 가지 방법으로 나타낸 곱을 구해 보세요.

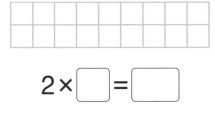

$2 \times \boxed{} = \boxed{}$

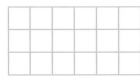

$3 \times \boxed{} = \boxed{}$

$6 \times \boxed{} = \boxed{}$

$9 \times \boxed{} = \boxed{}$

4 가운데 수를 나타내는 곱을 모두 찾아 색칠하세요.

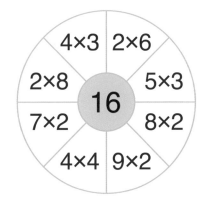

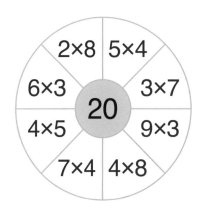

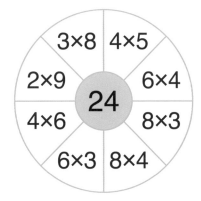

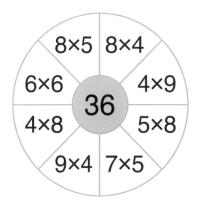

무당벌레 날개의 비밀을 알아보자

무당벌레의 날개를 펼치면 양쪽 날개 위에 써 있는 두 수의 곱이 나타나요.

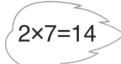

2×7=14

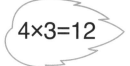

4×3=12

5×2=10

무당벌레의 날개가 펼쳐진 곳에 두 수의 곱을 써 보세요.

삼각형의 비밀을 알아보자

이 부분은 무당벌레의 날개라고 생각해!

3   8
24

사각형 안에 3개의 숫자가 써 있어요.
색칠된 칸에는 24, 색칠되지 않은 칸에는 3과 8이 보이지요?
어떤 관계가 있는지 알아냈나요?

3 × 8
24

여기, 삼각형의 꼭대기 부분에 × 기호가 숨겨져 있어요.

$$3 \times 8 = 24, 8 \times 3 = 24$$

순서를 바꾸어 곱해도 곱은 같아요.

손가락으로 가려진 부분의 수가 무엇일지 맞혀 보세요.

$$6 \times 7 = \boxed{}$$

$$4 \times 5 = \boxed{}$$

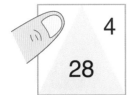

$$\boxed{} \times 4 = 28$$

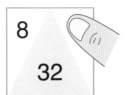

$$8 \times \boxed{} = 32$$

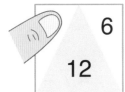

$$\boxed{} \times 6 = 12$$

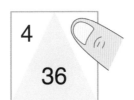

$$4 \times \boxed{} = 36$$

무당벌레의 비밀

1 무당벌레의 비밀을 이용하여 곱셈식으로 나타내 보세요.

$4 \times 9 = \boxed{}$

$4 \times \boxed{} = 36$

$\boxed{} \times 4 = 36$

$3 \times 6 = \boxed{}$

$3 \times \boxed{} = 18$

$\boxed{} \times 3 = 18$

$6 \times 7 = \boxed{}$

$6 \times \boxed{} = 42$

$\boxed{} \times 6 = 42$

$2 \times 5 = \boxed{}$

$2 \times \boxed{} = 10$

$\boxed{} \times 2 = 10$

2 손가락으로 가려진 부분의 수가 무엇인지 쓰세요.

$5 \times \boxed{} = 35$

$9 \times 4 = \boxed{}$

$\boxed{} \times 2 = 14$

$8 \times \boxed{} = 40$

$7 \times 9 = \boxed{}$

$\boxed{} \times 7 = 56$

3 삼각형의 비밀을 이용하여 곱셈식으로 나타내 보세요.

3   4
12

$3 \times 4 = \boxed{}$

$3 \times \boxed{} = 12$

$\boxed{} \times 3 = 12$

2   9
18

$2 \times 9 = \boxed{}$

$2 \times \boxed{} = 18$

$\boxed{} \times 2 = 18$

5   8
40

$5 \times 8 = \boxed{}$

$5 \times \boxed{} = 40$

$\boxed{} \times 5 = 40$

4   6
24

$4 \times 6 = \boxed{}$

$4 \times \boxed{} = 24$

$\boxed{} \times 4 = 24$

4 손가락으로 가려진 부분의 수가 무엇인지 쓰세요.

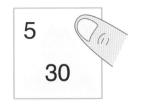

5
30

$5 \times \boxed{} = 30$

9   3

$9 \times 3 = \boxed{}$

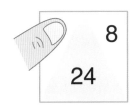

8
24

$\boxed{} \times 8 = 24$

7
14

$7 \times \boxed{} = 14$

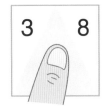

3   8

$3 \times 8 = \boxed{}$

7
49

$\boxed{} \times 7 = 49$

곱셈표의 비밀

가로줄, 세로줄의 비밀을 알아보자

1단부터 9단을 하나의 표에 나타내면 어떤 규칙을 찾을 수 있을까요?

×	1	2	3	4	5	6	7	8	9
1	1	2	3	4	5	6	7	8	9
2	2	4	6	8	10	12	14	16	18
3	3	6	9	12	15	18	21	24	27
4	4	8	12	16	20	24	28	32	36
5	5	10	15	20	25	30	35	40	45
6	6	12	18	24	30	36	42	48	54
7	7	14	21	28	35	42	49	56	63
8	8	16	24	32	40	48	56	64	72
9	9	18	27	36	45	54	63	72	81

두 수가 만나는 곳에 두 수의 곱을 써서 표로 나타낸 것이 바로 곱셈표예요.

$4 \times 8 = 32$

1 곱셈표를 보고 규칙을 찾아보세요.

- 화살표는 **2**단을 나타내고 **2**단의 곱은 ☐ 씩 커집니다.

- 화살표는 **6**단을 나타내고 **6**단의 곱은 ☐ 씩 커집니다.

- 화살표와 같은 규칙을 가진 칸을 찾아 색칠하세요.

- 화살표와 같은 규칙을 가진 칸을 찾아 색칠하세요.

대각선줄의 비밀을 알아보자

왼쪽과 똑같은 곱셈표에서 다른 규칙도 찾아볼까요?

×	1	2	3	4	5	6	7	8	9
1	1	2	3	4	5	6	7	8	9
2	2	4	6	8	10	12	14	16	18
3	3	6	9	12	15	18	21	24	27
4	4	8	12	16	20	24	28	32	36
5	5	10	15	20	25	30	35	40	45
6	6	12	18	24	30	36	42	48	54
7	7	14	21	28	35	42	49	56	63
8	8	16	24	32	40	48	56	64	72
9	9	18	27	36	45	54	63	72	81

여기서 잠깐! 사각형 모양에서 가장 먼 쪽의 두 부분을 이은 선을 대각선이라고 해요.

2 곱셈표를 보고 규칙을 찾아보세요.

● ━ ━ ━ 선 위에 있는 수들은 같은 수를 2번 곱한 거예요.

$1 \times 1 = 1$ $2 \times 2 = 4$ $\boxed{} \times \boxed{} = 9$

$\boxed{} \times \boxed{} = 16$ $\boxed{} \times \boxed{} = 25$ $6 \times 6 = 36$

$7 \times 7 = 49$ $\boxed{} \times \boxed{} = 64$ $\boxed{} \times \boxed{} = 81$

● ━ ━ ━ 선을 중심으로 표를 접었을 때 만나는 곳에 있는 수가 같아요.

$3 \times 2 = \boxed{6}$ $7 \times 4 = \boxed{28}$ $5 \times 9 = \boxed{45}$

$2 \times \boxed{} = \boxed{6}$ $4 \times \boxed{} = \boxed{28}$ $9 \times \boxed{} = \boxed{45}$

곱셈표의 비밀

0단, 1단, 10단의 비밀을 알아보자

앞에서 본 곱셈표에 0단, 10단을 함께 나타내 볼까요?

×	0	1	2	3	4	5	6	7	8	9	10
0	0										
1		1	2	3	4	5	6	7	8	9	
2		2	4	6	8	10	12	14	16	18	
3		3	6	9	12	15	18	21	24	27	
4		4	8	12	16	20	24	28	32	36	
5		5	10	15	20	25	30	35	40	45	
6		6	12	18	24	30	36	42	48	54	
7		7	14	21	28	35	42	49	56	63	
8		8	16	24	32	40	48	56	64	72	
9		9	18	27	36	45	54	63	72	81	
10											100

3 곱셈표의 빈칸을 채우고, 0단, 1단, 10단의 비밀을 확인해 보세요.

● 0과 어떤 수의 곱은 항상 ☐ 이 됩니다.

● 1과 어떤 수의 곱은 항상 ☐ 가 됩니다.

● 10단의 곱은 ☐ 씩 커집니다.

늘어나는 줄의 비밀을 알아보자

규칙을 알면 11단, 12단도 구할 수 있어요.

×	1	2	3	4	5	6	7	8	9	10	11	12
1	1	2	3	4	5	6	7	8	9	10	11	12
2	2	4	6	8	10	12	14	16	18	20		
3	3	6	9	12	15	18	21	24	27	30		
4	4	8	12	16	20	24	28	32	36	40		
5	5	10	15	20	25	30	35	40	45	50		
6	6	12	18	24	30	36	42	48	54	60		
7	7	14	21	28	35	42	49	56	63	70		
8	8	16	24	32	40	48	56	64	72	80		
9	9	18	27	36	45	54	63	72	81	90		
10	10	20	30	40	50	60	70	80	90	100		
11	11											
12	12											

4 곱셈표의 빈칸을 채우고, 11단, 12단의 규칙을 찾아보세요.

● 11단의 곱은 [ ] 씩 커집니다.   ● 12단의 곱은 [ ] 씩 커집니다.

11×1= [11]   12×1= [12]

11×2= [ ]   12×2= [ ]

11×3= [ ]   12×3= [ ]

한눈에 보는 구구단의 비밀

1단의 비밀

$1 \times ($어떤 수$) = ($어떤 수$)$

1은 곱하나 마나!

0단의 비밀

$0 \times ($어떤 수$) = 0$

0을 곱하면 모두 사라져!

구구단의 비밀

10단의 비밀

$10 \times ($어떤 수$) = ($어떤 수$)0$

어떤 수에 10을 곱한 값을 알고 싶다면,
어떤 수 뒤에 0을 하나만 써!

곱하는 순서의 비밀

$3 \times 4 = 4 \times 3$

두 수의 곱셈은 순서를 바꿔도
계산 결과가 같아.

복습연습장

도전! 구구단 왕

Level 5	2~9단 암기
Level 4	2~9단 혼합 암기
Level 3	6~9단 혼합 암기
Level 2	2~5단 혼합 암기
Level 1	2~9단 개별 암기

2~9단 개별 암기

$2 \times 4 = \boxed{}$ 　 $2 \times 1 = \boxed{}$ 　 $2 \times 7 = \boxed{}$

$2 \times 8 = \boxed{}$ 　 $2 \times 2 = \boxed{}$ 　 $2 \times 6 = \boxed{}$

$2 \times 5 = \boxed{}$ 　 $2 \times 9 = \boxed{}$ 　 $2 \times 3 = \boxed{}$

$3 \times 3 = \boxed{}$ 　 $3 \times 6 = \boxed{}$ 　 $3 \times 8 = \boxed{}$

$3 \times 5 = \boxed{}$ 　 $3 \times 4 = \boxed{}$ 　 $3 \times 2 = \boxed{}$

$3 \times 1 = \boxed{}$ 　 $3 \times 7 = \boxed{}$ 　 $3 \times 9 = \boxed{}$

$4 \times 2 = \boxed{}$ 　 $4 \times 7 = \boxed{}$ 　 $4 \times 4 = \boxed{}$

$4 \times 6 = \boxed{}$ 　 $4 \times 3 = \boxed{}$ 　 $4 \times 5 = \boxed{}$

$4 \times 9 = \boxed{}$ 　 $4 \times 1 = \boxed{}$ 　 $4 \times 8 = \boxed{}$

$5 \times 7 = \boxed{}$ 　 $5 \times 2 = \boxed{}$ 　 $5 \times 9 = \boxed{}$

$5 \times 4 = \boxed{}$ 　 $5 \times 8 = \boxed{}$ 　 $5 \times 1 = \boxed{}$

$5 \times 3 = \boxed{}$ 　 $5 \times 6 = \boxed{}$ 　 $5 \times 5 = \boxed{}$

6 × 5 = ☐   6 × 3 = ☐   6 × 8 = ☐

6 × 2 = ☐   6 × 7 = ☐   6 × 9 = ☐

6 × 6 = ☐   6 × 1 = ☐   6 × 4 = ☐

7 × 9 = ☐   7 × 4 = ☐   7 × 1 = ☐

7 × 5 = ☐   7 × 3 = ☐   7 × 8 = ☐

7 × 2 = ☐   7 × 7 = ☐   7 × 6 = ☐

8 × 8 = ☐   8 × 3 = ☐   8 × 5 = ☐

8 × 6 = ☐   8 × 1 = ☐   8 × 7 = ☐

8 × 2 = ☐   8 × 4 = ☐   8 × 9 = ☐

9 × 1 = ☐   9 × 5 = ☐   9 × 2 = ☐

9 × 3 = ☐   9 × 6 = ☐   9 × 4 = ☐

9 × 8 = ☐   9 × 9 = ☐   9 × 7 = ☐

5 × 6 = ☐   2 × 9 = ☐   3 × 5 = ☐

2 × 6 = ☐   4 × 3 = ☐   2 × 2 = ☐

4 × 9 = ☐   3 × 1 = ☐   4 × 7 = ☐

3 × 8 = ☐   4 × 8 = ☐   5 × 5 = ☐

5 × 7 = ☐   5 × 2 = ☐   2 × 7 = ☐

2 × 1 = ☐   2 × 3 = ☐   5 × 1 = ☐

4 × 6 = ☐   5 × 8 = ☐   3 × 2 = ☐

3 × 6 = ☐   3 × 3 = ☐   4 × 2 = ☐

5 × 3 = ☐   2 × 5 = ☐   5 × 4 = ☐

4 × 4 = ☐   5 × 9 = ☐   2 × 8 = ☐

2 × 4 = ☐   4 × 1 = ☐   4 × 5 = ☐

3 × 9 = ☐   3 × 7 = ☐   3 × 4 = ☐

$5 \times 9 = \boxed{}$ $2 \times 5 = \boxed{}$ $5 \times 5 = \boxed{}$

$2 \times 8 = \boxed{}$ $3 \times 3 = \boxed{}$ $4 \times 8 = \boxed{}$

$5 \times 4 = \boxed{}$ $5 \times 7 = \boxed{}$ $3 \times 8 = \boxed{}$

$4 \times 5 = \boxed{}$ $4 \times 6 = \boxed{}$ $5 \times 1 = \boxed{}$

$3 \times 7 = \boxed{}$ $5 \times 8 = \boxed{}$ $3 \times 1 = \boxed{}$

$2 \times 4 = \boxed{}$ $2 \times 1 = \boxed{}$ $4 \times 9 = \boxed{}$

$4 \times 1 = \boxed{}$ $4 \times 7 = \boxed{}$ $2 \times 2 = \boxed{}$

$3 \times 4 = \boxed{}$ $2 \times 3 = \boxed{}$ $4 \times 3 = \boxed{}$

$2 \times 7 = \boxed{}$ $3 \times 2 = \boxed{}$ $2 \times 6 = \boxed{}$

$3 \times 9 = \boxed{}$ $4 \times 4 = \boxed{}$ $5 \times 6 = \boxed{}$

$5 \times 3 = \boxed{}$ $5 \times 2 = \boxed{}$ $2 \times 9 = \boxed{}$

$4 \times 2 = \boxed{}$ $3 \times 6 = \boxed{}$ $3 \times 5 = \boxed{}$

6~9단 혼합 암기

$8 \times 3 =$

$6 \times 2 =$

$7 \times 4 =$

$8 \times 5 =$

$9 \times 3 =$

$7 \times 1 =$

$6 \times 4 =$

$9 \times 9 =$

$8 \times 6 =$

$6 \times 1 =$

$7 \times 7 =$

$9 \times 7 =$

$9 \times 5 =$

$8 \times 4 =$

$7 \times 5 =$

$6 \times 7 =$

$7 \times 8 =$

$9 \times 6 =$

$8 \times 8 =$

$6 \times 5 =$

$9 \times 2 =$

$7 \times 9 =$

$8 \times 1 =$

$6 \times 8 =$

$6 \times 9 =$

$9 \times 1 =$

$7 \times 6 =$

$8 \times 9 =$

$6 \times 6 =$

$8 \times 7 =$

$7 \times 2 =$

$9 \times 4 =$

$6 \times 3 =$

$8 \times 2 =$

$9 \times 8 =$

$7 \times 3 =$

$6 \times 4 =$ ☐ $6 \times 7 =$ ☐ $6 \times 2 =$ ☐

$8 \times 8 =$ ☐ $8 \times 1 =$ ☐ $9 \times 7 =$ ☐

$7 \times 2 =$ ☐ $9 \times 8 =$ ☐ $7 \times 6 =$ ☐

$9 \times 9 =$ ☐ $7 \times 5 =$ ☐ $8 \times 5 =$ ☐

$6 \times 5 =$ ☐ $6 \times 8 =$ ☐ $6 \times 1 =$ ☐

$7 \times 1 =$ ☐ $7 \times 3 =$ ☐ $8 \times 9 =$ ☐

$9 \times 2 =$ ☐ $8 \times 3 =$ ☐ $9 \times 3 =$ ☐

$8 \times 6 =$ ☐ $9 \times 5 =$ ☐ $7 \times 8 =$ ☐

$6 \times 3 =$ ☐ $6 \times 9 =$ ☐ $6 \times 6 =$ ☐

$8 \times 7 =$ ☐ $7 \times 4 =$ ☐ $8 \times 2 =$ ☐

$7 \times 9 =$ ☐ $8 \times 4 =$ ☐ $9 \times 6 =$ ☐

$9 \times 4 =$ ☐ $9 \times 1 =$ ☐ $7 \times 7 =$ ☐

2~9단 혼합 암기

$5 \times 8 =$ ☐

$3 \times 8 =$ ☐

$9 \times 9 =$ ☐

$4 \times 5 =$ ☐

$5 \times 9 =$ ☐

$9 \times 8 =$ ☐

$2 \times 6 =$ ☐

$6 \times 3 =$ ☐

$7 \times 2 =$ ☐

$5 \times 5 =$ ☐

$3 \times 9 =$ ☐

$8 \times 4 =$ ☐

$4 \times 9 =$ ☐

$7 \times 5 =$ ☐

$4 \times 4 =$ ☐

$6 \times 4 =$ ☐

$2 \times 8 =$ ☐

$8 \times 7 =$ ☐

$6 \times 7 =$ ☐

$7 \times 4 =$ ☐

$3 \times 2 =$ ☐

$2 \times 1 =$ ☐

$8 \times 3 =$ ☐

$9 \times 6 =$ ☐

$5 \times 2 =$ ☐

$2 \times 9 =$ ☐

$3 \times 4 =$ ☐

$6 \times 1 =$ ☐

$9 \times 2 =$ ☐

$7 \times 9 =$ ☐

$4 \times 7 =$ ☐

$8 \times 1 =$ ☐

$5 \times 6 =$ ☐

$4 \times 2 =$ ☐

$2 \times 3 =$ ☐

$3 \times 7 =$ ☐

$4 \times 1 =$ ☐ $9 \times 5 =$ ☐ $8 \times 6 =$ ☐

$9 \times 7 =$ ☐ $4 \times 8 =$ ☐ $3 \times 5 =$ ☐

$2 \times 5 =$ ☐ $6 \times 5 =$ ☐ $9 \times 1 =$ ☐

$3 \times 3 =$ ☐ $8 \times 8 =$ ☐ $6 \times 2 =$ ☐

$8 \times 9 =$ ☐ $5 \times 3 =$ ☐ $7 \times 7 =$ ☐

$7 \times 6 =$ ☐ $3 \times 1 =$ ☐ $8 \times 2 =$ ☐

$5 \times 1 =$ ☐ $8 \times 5 =$ ☐ $5 \times 7 =$ ☐

$6 \times 6 =$ ☐ $2 \times 2 =$ ☐ $6 \times 9 =$ ☐

$2 \times 7 =$ ☐ $5 \times 4 =$ ☐ $2 \times 4 =$ ☐

$9 \times 4 =$ ☐ $7 \times 8 =$ ☐ $9 \times 3 =$ ☐

$6 \times 8 =$ ☐ $4 \times 3 =$ ☐ $4 \times 6 =$ ☐

$7 \times 3 =$ ☐ $3 \times 6 =$ ☐ $7 \times 1 =$ ☐

2~9단 암기

$4 \times \boxed{} = 8$

$7 \times \boxed{} = 14$

$5 \times \boxed{} = 45$

$8 \times \boxed{} = 64$

$3 \times \boxed{} = 6$

$2 \times \boxed{} = 2$

$5 \times \boxed{} = 10$

$9 \times \boxed{} = 63$

$4 \times \boxed{} = 20$

$3 \times \boxed{} = 12$

$6 \times \boxed{} = 30$

$8 \times \boxed{} = 8$

$8 \times \boxed{} = 48$

$5 \times \boxed{} = 35$

$7 \times \boxed{} = 42$

$6 \times \boxed{} = 18$

$3 \times \boxed{} = 24$

$8 \times \boxed{} = 32$

$5 \times \boxed{} = 15$

$2 \times \boxed{} = 12$

$4 \times \boxed{} = 28$

$6 \times \boxed{} = 54$

$3 \times \boxed{} = 9$

$9 \times \boxed{} = 9$

$5 \times \boxed{} = 5$

$4 \times \boxed{} = 36$

$8 \times \boxed{} = 72$

$7 \times \boxed{} = 49$

$9 \times \boxed{} = 45$

$2 \times \boxed{} = 18$

$3 \times \boxed{} = 27$

$4 \times \boxed{} = 16$

$6 \times \boxed{} = 24$

$2 \times \boxed{} = 16$

$8 \times \boxed{} = 56$

$3 \times \boxed{} = 21$

$9 \times \boxed{} = 72$	$3 \times \boxed{} = 18$	$6 \times \boxed{} = 6$
$5 \times \boxed{} = 30$	$2 \times \boxed{} = 6$	$5 \times \boxed{} = 20$
$4 \times \boxed{} = 32$	$4 \times \boxed{} = 24$	$4 \times \boxed{} = 4$
$3 \times \boxed{} = 3$	$6 \times \boxed{} = 48$	$2 \times \boxed{} = 10$
$5 \times \boxed{} = 25$	$3 \times \boxed{} = 15$	$9 \times \boxed{} = 27$
$6 \times \boxed{} = 36$	$7 \times \boxed{} = 21$	$2 \times \boxed{} = 8$
$7 \times \boxed{} = 56$	$8 \times \boxed{} = 16$	$7 \times \boxed{} = 28$
$2 \times \boxed{} = 14$	$9 \times \boxed{} = 81$	$6 \times \boxed{} = 12$
$8 \times \boxed{} = 24$	$5 \times \boxed{} = 40$	$8 \times \boxed{} = 40$
$9 \times \boxed{} = 36$	$4 \times \boxed{} = 12$	$9 \times \boxed{} = 54$
$7 \times \boxed{} = 63$	$9 \times \boxed{} = 18$	$6 \times \boxed{} = 42$
$2 \times \boxed{} = 4$	$7 \times \boxed{} = 35$	$7 \times \boxed{} = 7$

구구단 왕 점수판

Level 5	문제 수: **72**	맞은 개수:
Level 4	문제 수: **72**	맞은 개수:
Level 3	문제 수: **72**	맞은 개수:
Level 2	문제 수: **72**	맞은 개수:
Level 1	문제 수: **72**	맞은 개수:

툭 치면
바로 나오는
구구단 정답

개념1 곱셈은 반복 덧셈이다

여러분 비밀 하나 말해 줄까요? 덧셈 기호 + 와 곱셈 기호 × 가 형제 사이예요.
어느 날 수직자들이 이름 100번 더함을 쓰는데 너무 길어서 말이 아니었어요.
그래서 머리 좋은 수학자들은 바로 짜를 냈어요.
+ 를 살짝 돌려서 ×를 만들었답니다.
그리고 같은 수를 여러 번 반복해서 더하는 것을 간단하게 곱셈으로 줄여서 나타냈어요.

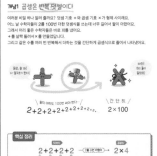

$$2+2+2+2 \xrightarrow{\text{간단히}} 2 \times 4$$

덧셈식을 곱셈식으로 나타내세요.
$$3+3+3+3+3 \rightarrow 3 \times 5$$

개념2 곱셈은 뛰어 세기다

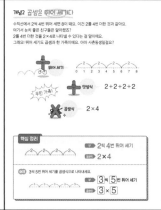

2씩 4번 뛰어 세기
2×4

3씩 5번 뛰어 세기를 곱셈식으로 나타내세요.
3×5

1 덧셈식을 곱셈식으로 나타내세요.

덧셈식		곱셈식
7+7	→	7×2
6+6+6+6	→	6×4
2+2+2+2+2	→	2×5
4+4+4+4+4+4	→	4×6
9+9+9+9+9+9+9	→	9×7

2 곱셈식을 덧셈식으로 나타내세요.

덧셈식		곱셈식
1+1+1+1+1	←	1×5
7+7+7+7	←	7×4
8+8+8	←	8×3
5+5+5+5+5+5+5	←	5×7
3+3+3+3+3+3	←	3×6

3 뛰어 세기를 곱셈식으로 나타내세요.

9×3
7×3
5×6
4×7

4 곱셈식을 뛰어 세기로 나타내세요.

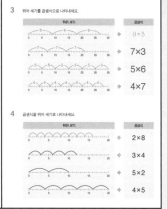

2×8
3×4
5×2
4×5

개념3 곱셈은 같은 수 묶음이다

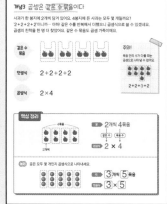

덧셈식 $2+2+2+2$
곱셈식 2×4

공은 모두 몇 개인지 곱셈식으로 나타내세요.
3개씩 5묶음
3×5

개념4 곱셈은 직사각형 배열이다

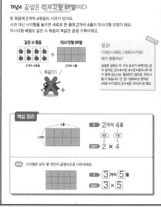

2×4

사각형을 모두 몇 개인지 곱셈식으로 나타내세요.
3개씩 5줄
3×5

1 그림을 곱셈식으로 나타내세요.

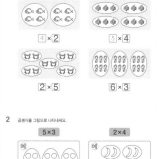

4×2   3×4
2×5   6×3

2 곱셈식을 그림으로 나타내세요.

5×3   2×4

3 사각형을 곱셈식으로 나타내세요.

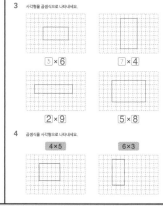

3×6   7×4
2×9   5×8

4 곱셈식을 사각형으로 나타내세요.

4×5   6×3

곱셈 개념으로 2단의 컬러를 알아보자

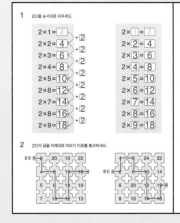

"2단의 곱은 **2**씩 커진다"

2단을 외우자

2단표
$2 \times 1 = 2$
$2 \times 2 = 4$
$2 \times 3 = 6$
$2 \times 4 = 8$
$2 \times 5 = 10$
$2 \times 6 = 12$
$2 \times 7 = 14$
$2 \times 8 = 16$
$2 \times 9 = 18$

1 2단을 순서대로 외우세요.

2×1=2 +2	2×1=2
2×2=4 +2	2×2=4
2×3=6 +2	2×3=6
2×4=8 +2	2×4=8
2×5=10 +2	2×5=10
2×6=12 +2	2×6=12
2×7=14 +2	2×7=14
2×8=16 +2	2×8=16
2×9=18	2×9=18

2 2단을 차례대로 따라가 미로를 통과하세요.

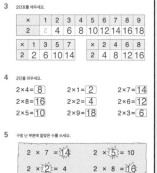

3 2단표를 채우세요.

×	1	2	3	4	5	6	7	8	9
2	2	4	6	8	10	12	14	16	18

×	1	3	5	7		×	2	4	6	8
2	2	6	10	14		2	4	8	12	16

4 2단을 외우세요.

2×4=8   2×1=2   2×7=14
2×8=16   2×2=4   2×6=12
2×5=10   2×9=18   2×3=6

5 구멍 난 부분에 알맞은 수를 쓰세요.

2 × 7 = 14	2 × 5 = 10
2 × 2 = 4	2 × 8 = 16
2 × 4 = 8	2 × 6 = 12

곱셈 개념으로 5단의 컬러를 알아보자

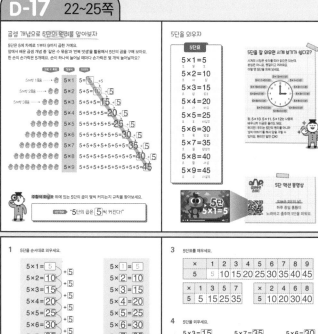

"5단의 곱은 **5**씩 커진다"

5단을 외우자

5단표
$5 \times 1 = 5$
$5 \times 2 = 10$
$5 \times 3 = 15$
$5 \times 4 = 20$
$5 \times 5 = 25$
$5 \times 6 = 30$
$5 \times 7 = 35$
$5 \times 8 = 40$
$5 \times 9 = 45$

1 5단을 순서대로 외우세요.

5×1=5 +5	5×1=5
5×2=10 +5	5×2=10
5×3=15 +5	5×3=15
5×4=20 +5	5×4=20
5×5=25 +5	5×5=25
5×6=30	5×6=30
5×7=35	5×7=35
5×8=40	5×8=40
5×9=45	5×9=45

2 5단을 차례대로 따라가 미로를 통과하세요.

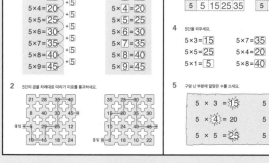

3 5단표를 채우세요.

×	1	2	3	4	5	6	7	8	9
5	5	10	15	20	25	30	35	40	45

×	1	3	5	7		×	2	4	6	8
5	5	15	25	35		5	10	20	30	40

4 5단을 외우세요.

5×3=15   5×7=35   5×6=30
5×5=25   5×4=20   5×9=45
5×1=5   5×8=40   5×2=10

5 구멍 난 부분에 알맞은 수를 쓰세요.

5 × 3 = 15	5 × 6 = 30
5 × 4 = 20	5 × 7 = 35
5 × 5 = 25	5 × 8 = 40

D-16 26~29쪽

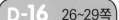

슈타이너 구구단 도형으로 2단 복습하기

앞에서 배운 2단을 떠올리면서 다음 곱셈표를 채워 보세요.

×	1	2	3	4	5	6	7	8	9
2	2	4	6	8	10	12	14	16	18

2단은 2씩 커지니까 원을 2단씩 뛰어서 선으로 연결해 보세요.
(겹쳐서 그려도 괜찮아요.)

0 → 2 → 4 → 6 → 8 → 0

만들어진 도형은 어떤 모양인가요?

슈타이너 구구단 도형으로 5단 복습하기

앞에서 배운 5단을 떠올리면서 다음 곱셈표를 채워 보세요.

×	1	2	3	4	5	6	7	8	9
5	5	10	15	20	25	30	35	40	45

5단은 5씩 커지니까 원을 5단씩 뛰어서 선으로 연결해 보세요.
(겹쳐서 그려도 괜찮아요.)

0 → 5 → 0

만들어진 도형은 어떤 모양인가요?

1 2단과 5단을 차례로 외우고, 몇씩 커지는지 알아보세요.

2×1= 2	+2	5×1= 5	+5
2×2= 4	+2	5×2= 10	+5
2×3= 6	+2	5×3= 15	+5
2×4= 8	+2	5×4= 20	+5
2×5= 10	+2	5×5= 25	+5
2×6= 12	+2	5×6= 30	+5
2×7= 14	+2	5×7= 35	+5
2×8= 16	+2	5×8= 40	+5
2×9= 18		5×9= 45	

2 2단과 5단을 외워 쓰세요.

2×3= 6	2×5= 10	2×7= 14
2×8= 16	2×4= 8	2×1= 2
5×5= 25	5×4= 20	5×9= 45
5×6= 30	5×2= 10	5×8= 40

3 빈칸에 알맞은 수를 쓰세요.

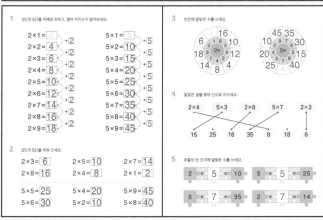

4 알맞은 곱을 찾아 선으로 이으세요.

2×4 5×5 2×8 5×7 2×3

15 25 16 35 8 18 6

5 퍼즐의 빈 조각에 알맞은 수를 쓰세요.

2 × 5 = 10   5 × 5 = 25
5 × 7 = 35   2 × 7 = 14

D-15 30~33쪽

곱셈 개념으로 3단의 원리를 알아보자

3단은 3이 차례로 1부터 9까지 곱한 거예요.
앞에서 배운 곱셈 개념 중 '직사각형 배열'과 '반복 덧셈'을 활용해서 3단의 곱을 구해 보세요.
한 줄에 3개씩 놓여 있는 직사각형이 한 줄씩 늘어날 때마다 직사각형은 몇 개씩 늘어날까요?

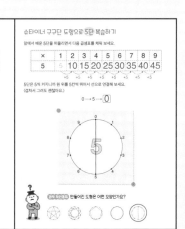

3×1	3	→3
3×2	3+3= 6	→3
3×3	3+3+3= 9	→3
3×4	3+3+3+3= 12	→3
3×5	3+3+3+3+3= 15	→3
3×6	3+3+3+3+3+3= 18	→3
3×7	3+3+3+3+3+3+3= 21	→3
3×8	3+3+3+3+3+3+3+3= 24	→3
3×9	3+3+3+3+3+3+3+3+3= 27	

주황색 화살표 위에 있는 3단의 곱이 몇씩 커지는지 규칙을 찾아보세요.

"3단의 곱은 3 씩 커진다"

3단을 외우자

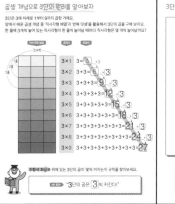

3단표	
3×1 =	3
3×2 =	6
3×3 =	9
3×4 =	12
3×5 =	15
3×6 =	18
3×7 =	21
3×8 =	24
3×9 =	27

1 3단을 순서대로 외우세요.

3×1= 3	+3	3×1= 3	
3×2= 6	+3	3×2= 6	
3×3= 9	+3	3×3= 9	
3×4= 12	+3	3×4= 12	
3×5= 15	+3	3×5= 15	
3×6= 18	+3	3×6= 18	
3×7= 21	+3	3×7= 21	
3×8= 24	+3	3×8= 24	
3×9= 27		3×9= 27	

2 3단의 곱을 차례대로 따라가 미로를 통과하세요.

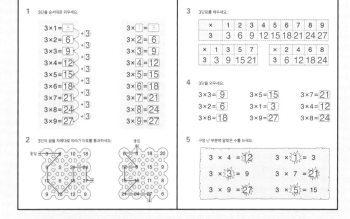

3 3단표를 채우세요.

×	1	2	3	4	5	6	7	8	9
3	3	6	9	12	15	18	21	24	27

×	1	3	5	7		×	2	4	6	8
3	3	9	15	21		3	6	12	18	24

4 3단을 외우세요.

3×3= 9	3×5= 15	3×7= 21
3×2= 6	3×1= 3	3×4= 12
3×6= 18	3×9= 27	3×8= 24

5 구멍 난 부분에 알맞은 수를 쓰세요.

3 × 4 = 12   3 × 1 = 3
3 × 3 = 9   3 × 7 = 21
3 × 9 = 27   3 × 5 = 15

D-14 34~37쪽

곱셈 개념으로 4단의 원리를 알아보자

4단은 4가 차례로 1부터 9까지 곱한 거예요.
앞에서 배운 곱셈 개념 중 '직사각형 배열'과 '반복 덧셈'을 활용해서 4단의 곱을 구해 보세요.
한 줄에 4개씩 놓여 있는 직사각형이 한 줄씩 늘어날 때마다 직사각형은 몇 개씩 늘어날까요?

4×1	4	+4
4×2	4+4= 8	+4
4×3	4+4+4= 12	+4
4×4	4+4+4+4= 16	+4
4×5	4+4+4+4+4= 20	+4
4×6	4+4+4+4+4+4= 24	+4
4×7	4+4+4+4+4+4+4= 28	+4
4×8	4+4+4+4+4+4+4+4= 32	+4
4×9	4+4+4+4+4+4+4+4+4= 36	

위에 있는 4단의 곱이 몇씩 커지는지 규칙을 찾아보세요.

"4단의 곱은 4 씩 커진다"

4단을 외우자

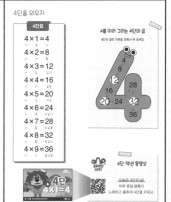

4단표	
4×1 = 4
4×2 = 8
4×3 = 12
4×4 = 16
4×5 = 20
4×6 = 24
4×7 = 28
4×8 = 32
4×9 = 36

1 4단을 순서대로 외우세요.

4×1= 4	+4	4×1= 4	+4
4×2= 8	+4	4×2= 8	+4
4×3= 12	+4	4×3= 12	+4
4×4= 16	+4	4×4= 16	+4
4×5= 20	+4	4×5= 20	+4
4×6= 24	+4	4×6= 24	+4
4×7= 28	+4	4×7= 28	+4
4×8= 32	+4	4×8= 32	+4
4×9= 36		4×9= 36	

2 4단의 곱을 차례대로 따라가 미로를 통과하세요.

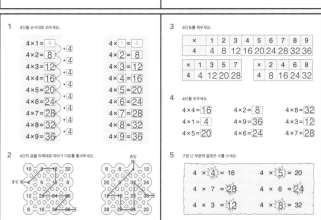

3 4단표를 채우세요.

×	1	2	3	4	5	6	7	8	9
4	4	8	12	16	20	24	28	32	36

×	1	3	5	7		×	2	4	6	8
4	4	12	20	28		4	8	16	24	32

4 4단을 외우세요.

4×4= 16	4×2= 8	4×8= 32
4×1= 4	4×9= 36	4×3= 12
4×5= 20	4×6= 24	4×7= 28

5 구멍 난 부분에 알맞은 수를 쓰세요.

4 × 4 = 16   4 × 5 = 20
4 × 7 = 28   4 × 6 = 24
4 × 3 = 12   4 × 8 = 32

D-13 38~41쪽

슈타이너 구구단 도형으로 3단 복습하기

❶ 3단의 곱을 차례로 쓰세요.
3 → 6 → 9 → 12 → 15 → 18
→ 21 → 24 → 27

❷ 3단의 곱이 커지니까 원 위를 3단씩 뛰어서 선으로 연결해 보세요.

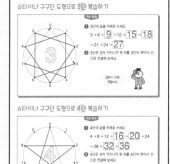

슈타이너 구구단 도형으로 4단 복습하기

❶ 4단의 곱을 차례로 쓰세요.
4 → 8 → 12 → 16 → 20 → 24
→ 28 → 32 → 36

❷ 4단의 곱이 커지니까 원 위를 4단씩 뛰어서 선으로 연결해 보세요.

휴대전화 3단 암기 B법

3단은 외우기 까다로운 곱 중의 하나예요.
하지만 걱정 말아요.
이제부터 휴대전화로 쉽게 외울 수 있는 특급 비법을 알려줄게요. 오른쪽 휴대전화의 숫자판을 화살표를 따라가며 3단을 차례로 외워 보세요. 비밀을 찾았나요?

3단의 곱의 일의 자리 숫자가 휴대전화 숫자가 같나요?

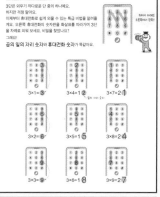

3×1= 3   3×4= 12   3×7= 21
3×2= 6   3×5= 15   3×8= 24
3×3= 9   3×6= 18   3×9= 27

1 3단과 4단을 차례로 외우고, 몇씩 커지는지 알아보세요.

3×1= 3	+3	4×1= 4	+4
3×2= 6	+3	4×2= 8	+4
3×3= 9	+3	4×3= 12	+4
3×4= 12	+3	4×4= 16	+4
3×5= 15	+3	4×5= 20	+4
3×6= 18	+3	4×6= 24	+4
3×7= 21	+3	4×7= 28	+4
3×8= 24	+3	4×8= 32	+4
3×9= 27		4×9= 36	

2 3단과 4단을 외워 쓰세요.

3×4= 12	3×7= 21	3×3= 9
3×1= 3	3×5= 15	3×9= 27
4×2= 8	4×6= 24	4×4= 16
4×8= 32	4×3= 12	4×5= 20

3 빈칸에 알맞은 수를 쓰세요.

4 알맞은 곱을 찾아 선으로 이으세요.

4×4 3×5 3×8 4×9 4×6

21 32 15 16 24 40 27

5 기차의 빈칸에 알맞은 수를 쓰세요.

4 × 3 = 12
8 × 4 = 32
3 × 7 = 21
4 × 8 = 24

107

D-12 42~45쪽

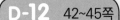

1 각 단의 곱을 순서대로 이어 보세요.

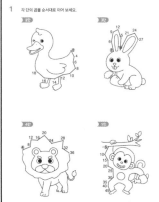
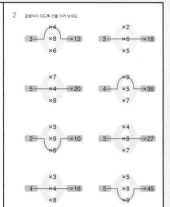

2 곱셈식이 되도록 선을 이어 보세요.

$3 \times 4 = 12$　$3 \times 6 = 18$
$5 \times 4 = 20$　$4 \times 9 = 36$
$2 \times 5 = 10$　$3 \times 9 = 27$
$4 \times 4 = 16$　$5 \times 9 = 45$

3 곱을 나타내는 것과 같은 색으로 칠하세요.

4 올바른 곱을 찾아 길을 따라 가세요.

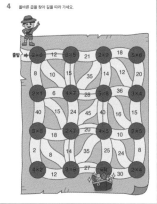

D-11 46~49쪽

곱셈 개념으로 6단의 원리를 알아보자

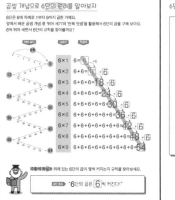

6단을 외우자

6단표
$6 \times 1 = 6$
$6 \times 2 = 12$
$6 \times 3 = 18$
$6 \times 4 = 24$
$6 \times 5 = 30$
$6 \times 6 = 36$
$6 \times 7 = 42$
$6 \times 8 = 48$
$6 \times 9 = 54$

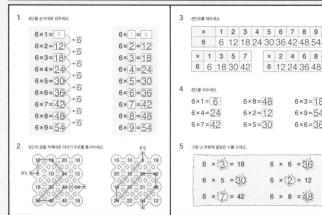

1 6단을 순서대로 외우세요.

$6 \times 1 = 6$　$6 \times 1 = 6$
$6 \times 2 = 12$　$6 \times 2 = 12$
$6 \times 3 = 18$　$6 \times 3 = 18$
$6 \times 4 = 24$　$6 \times 4 = 24$
$6 \times 5 = 30$　$6 \times 5 = 30$
$6 \times 6 = 36$　$6 \times 6 = 36$
$6 \times 7 = 42$　$6 \times 7 = 42$
$6 \times 8 = 48$　$6 \times 8 = 48$
$6 \times 9 = 54$　$6 \times 9 = 54$

3 6단표를 채우세요.

×	1	2	3	4	5	6	7	8	9
6	6	12	18	24	30	36	42	48	54

×	1	3	5	7	9
6	6	18	30	42	54

×	2	4	6	8
6	12	24	36	48

4 6단을 외우세요.

$6 \times 1 = 6$　$6 \times 8 = 48$　$6 \times 3 = 18$
$6 \times 4 = 24$　$6 \times 2 = 12$　$6 \times 9 = 54$
$6 \times 7 = 42$　$6 \times 5 = 30$　$6 \times 6 = 36$

2 6단의 곱을 차례로 따라가 미로를 통과하세요.

5 구멍 난 부분에 알맞은 수를 쓰세요.

$6 \times 3 = 18$　$6 \times 6 = 36$
$6 \times 5 = 30$　$6 \times 2 = 12$
$6 \times 7 = 42$　$6 \times 8 = 48$

D-10 50~53쪽

곱셈 개념으로 7단의 원리를 알아보자

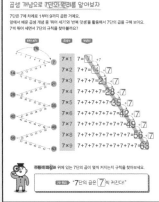

7단을 외우자

7단표
$7 \times 1 = 7$
$7 \times 2 = 14$
$7 \times 3 = 21$
$7 \times 4 = 28$
$7 \times 5 = 35$
$7 \times 6 = 42$
$7 \times 7 = 49$
$7 \times 8 = 56$
$7 \times 9 = 63$

1 7단을 순서대로 외우세요.

$7 \times 1 = 7$　$7 \times 1 = 7$
$7 \times 2 = 14$　$7 \times 2 = 14$
$7 \times 3 = 21$　$7 \times 3 = 21$
$7 \times 4 = 28$　$7 \times 4 = 28$
$7 \times 5 = 35$　$7 \times 5 = 35$
$7 \times 6 = 42$　$7 \times 6 = 42$
$7 \times 7 = 49$　$7 \times 7 = 49$
$7 \times 8 = 56$　$7 \times 8 = 56$
$7 \times 9 = 63$　$7 \times 9 = 63$

3 7단표를 채우세요.

×	1	2	3	4	5	6	7	8	9
7	7	14	21	28	35	42	49	56	63

×	1	3	5	7	9
7	7	21	35	49	63

×	2	4	6	8
7	14	28	42	56

4 7단을 외우세요.

$7 \times 1 = 7$　$7 \times 5 = 35$　$7 \times 4 = 28$
$7 \times 8 = 63$　$7 \times 2 = 14$　$7 \times 3 = 21$
$7 \times 6 = 42$　$7 \times 9 = 63$　$7 \times 8 = 56$

2 7단의 곱을 차례대로 따라가 미로를 통과하세요.

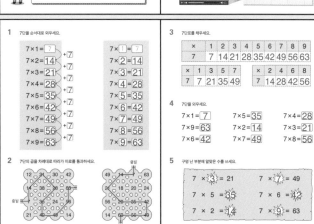

5 구멍 난 부분에 알맞은 수를 쓰세요.

$7 \times 3 = 21$　$7 \times 7 = 49$
$7 \times 5 = 35$　$7 \times 6 = 42$
$7 \times 2 = 14$　$7 \times 9 = 63$

D-9 54~57쪽

슈타이너 구구단 도형으로 6단 복습하기

휴대전화 7단 암기 B법

슈타이너 구구단 도형으로 7단 복습하기

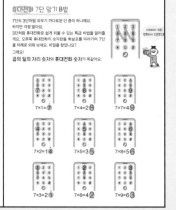

1 6단과 7단을 차례로 외우며, 몇씩 커지는지 알아보세요.

$6 \times 1 = 6$　$7 \times 1 = 7$
$6 \times 2 = 12$　$7 \times 2 = 14$
$6 \times 3 = 18$　$7 \times 3 = 21$
$6 \times 4 = 24$　$7 \times 4 = 28$
$6 \times 5 = 30$　$7 \times 5 = 35$
$6 \times 6 = 36$　$7 \times 6 = 42$
$6 \times 7 = 42$　$7 \times 7 = 49$
$6 \times 8 = 48$　$7 \times 8 = 56$
$6 \times 9 = 54$　$7 \times 9 = 63$

3 빈칸에 알맞은 수를 쓰세요.

4 알맞은 곱을 찾아 선으로 이으세요.

7×4　6×5　6×8　7×9　7×6

14　28　30　48　56

2 6단과 7단을 외워 보세요.

$6 \times 3 = 18$　$6 \times 8 = 48$　$6 \times 9 = 54$
$6 \times 5 = 30$　$6 \times 6 = 36$　$6 \times 4 = 24$

$7 \times 6 = 42$　$7 \times 9 = 63$　$7 \times 5 = 35$
$7 \times 7 = 49$　$7 \times 4 = 28$　$7 \times 8 = 56$

5 기차의 빈칸에 알맞은 수를 쓰세요.

$7 \times 5 = 35$
$6 \times 6 = 36$
$6 \times 9 = 54$
$7 \times 7 = 49$

곱셈 개념으로 8단의 원리를 알아보자

8단은 8씩 차례로 1부터 9까지 곱한 거예요.
앞에서 배운 곱셈 개념 중 같은 수 묶음과 반복 덧셈을 활용해서 8단의 곱을 구해 보아요.
떡이 8개씩 꽃은 꼬치가 한 개씩 늘어날 때마다 떡은 몇 개씩 늘어날까요?

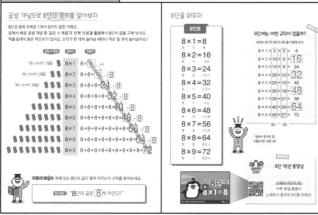

8단을 외우자

주황색 화살표 위에 있는 곱이 몇씩 커지는 규칙을 찾아보세요.
"8단의 곱은 8씩 커진다"

8단 액션 동영상

1 8단을 순서대로 외우세요.

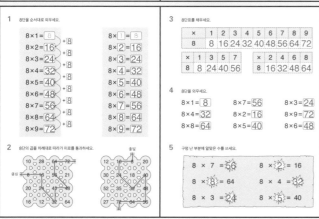

곱셈 개념으로 9단의 원리를 알아보자

9단은 9씩 차례로 1부터 9까지 곱한 거예요.
앞에서 배운 곱셈 개념 중 같은 수 묶음과 반복 덧셈을 활용해서 9단의 곱을 구해 보아요.
한 상자에 9개씩 들어 있는 초콜릿이 한 상자가 늘어날 때마다 초콜릿은 몇 개씩 늘어날까요?

9단을 외우자

주황색 화살표 위에 있는 곱이 몇씩 커지는 규칙을 찾아보세요.
"9단의 곱은 9씩 커진다"

9단 액션 동영상

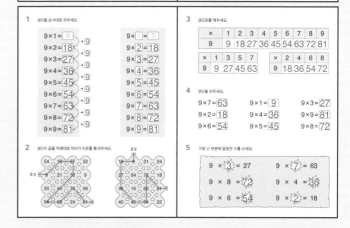

슈타이너 구구단 도형으로 8단 복습하기
슈타이너 구구단 도형으로 9단 복습하기

손가락 9단 암기 B법

양손만 있으면 어려워 보이는 9단도 척척 말할 수 있어요.
자, 손가락을 펴고 선생님을 따라해 보세요.
양손을 손바닥이 앞쪽을 향하도록 두고 손가락을 펼쳐요.
손가락마다 1부터 10까지 이름을 붙여 주세요.

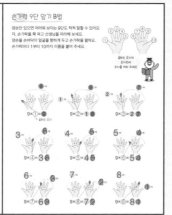

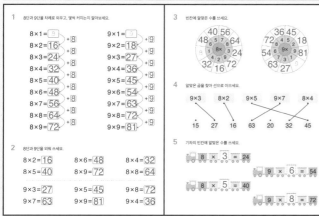

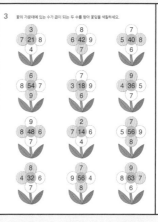

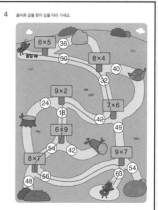

1단의 비밀을 알아보자

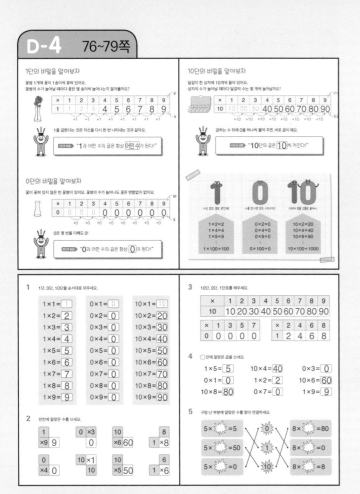

10단의 비밀을 알아보자

0단의 비밀을 알아보자

곱하는 순서의 비밀을 알아보자

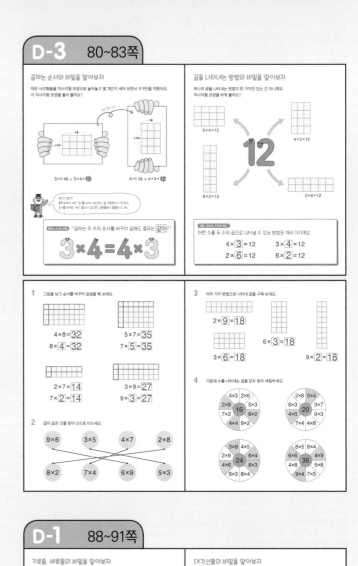

곱을 나타내는 방법의 비밀을 알아보자

무당벌레 날개의 비밀을 알아보자

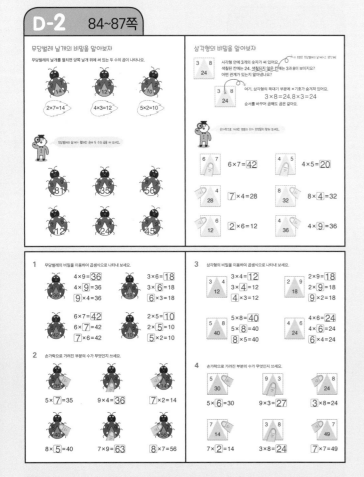

삼각형의 비밀을 알아보자

가로줄, 세로줄의 비밀을 알아보자

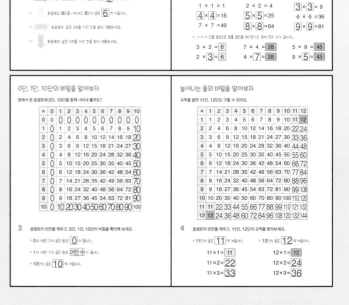

대각선줄의 비밀을 알아보자

0단, 1단, 10단의 비밀을 알아보자

늘어나는 줄의 비밀을 알아보자

Block 1 (top left)

2×4=8	2×1=2	2×7=14	6×5=30	6×3=18	6×8=48
2×8=16	2×2=4	2×6=12	6×2=12	6×7=42	6×9=54
2×5=10	2×9=18	2×3=6	6×6=36	6×1=6	6×4=24
3×3=9	3×6=18	3×8=24	7×9=63	7×4=28	7×1=7
3×5=15	3×4=12	3×2=6	7×5=35	7×3=21	7×8=56
3×1=3	3×7=21	3×9=27	7×2=14	7×7=49	7×6=42
4×2=8	4×7=28	4×4=16	8×8=64	8×3=24	8×5=40
4×6=24	4×3=12	4×5=20	8×6=48	8×1=8	8×7=56
4×9=36	4×1=4	4×8=32	8×2=16	8×4=32	8×9=72
5×7=35	5×2=10	5×9=45	9×1=9	9×5=45	9×2=18
5×4=20	5×8=40	5×1=5	9×3=27	9×6=54	9×4=36
5×3=15	5×6=30	5×5=25	9×8=72	9×9=81	9×7=63

Block 2 (top right)

4×2=8	8×6=48	5×1=5	9×8=72	3×6=18	6×1=6
7×2=14	5×7=35	4×9=36	5×6=30	2×3=6	5×4=20
5×9=45	7×6=42	8×9=72	4×8=32	4×6=24	4×1=4
8×8=64	6×3=18	7×7=49	3×1=3	6×8=48	2×5=10
3×2=6	3×8=24	9×5=45	5×5=25	3×5=15	9×3=27
2×1=2	8×4=32	2×9=18	6×6=36	7×3=21	2×4=8
5×2=10	5×3=15	3×9=27	7×8=56	8×2=16	7×4=28
9×7=63	2×6=12	4×4=16	2×7=14	9×9=81	6×2=12
4×5=20	4×7=28	6×4=24	8×3=24	5×8=40	8×5=40
3×4=12	6×9=54	2×8=16	9×4=36	4×3=12	9×6=54
6×5=30	3×3=9	8×7=56	7×9=63	9×2=18	6×7=42
8×1=8	9×1=9	3×7=21	2×2=4	7×5=35	7×1=7

Block 3 (middle left)

5×6=30	2×9=18	3×5=15	5×9=45	2×5=10	5×5=25
2×6=12	4×3=12	2×2=4	2×8=16	3×3=9	4×8=32
4×9=36	3×1=3	4×7=28	5×4=20	5×7=35	3×8=24
3×8=24	4×8=32	5×5=25	4×5=20	4×6=24	5×1=5
5×7=35	5×2=10	2×7=14	3×7=21	5×8=40	3×1=3
2×1=2	2×3=6	5×1=5	2×4=8	2×1=2	4×9=36
4×6=24	5×8=40	3×2=6	4×1=4	4×7=28	2×2=4
3×6=18	3×3=9	4×2=8	3×4=12	2×3=6	4×3=12
5×3=15	2×5=10	5×4=20	2×7=14	3×2=6	2×6=12
4×4=16	5×9=45	2×8=16	3×9=27	4×4=16	5×6=30
2×4=8	4×1=4	4×5=20	5×3=15	5×2=10	2×9=18
3×9=27	3×7=21	3×4=12	4×2=8	3×6=18	3×5=15

Block 4 (lower left)

8×3=24	9×5=45	6×9=54	6×4=24	6×7=42	6×2=12
6×2=12	8×4=32	9×1=9	8×8=64	8×1=8	9×7=63
7×4=28	7×5=35	7×6=42	7×2=14	9×8=72	7×6=42
8×5=40	6×7=42	8×9=72	9×9=81	7×5=35	8×5=40
9×3=27	7×8=56	6×6=36	6×5=30	6×8=48	6×1=6
7×1=7	9×6=54	8×7=56	7×1=7	7×3=21	8×9=72
6×4=24	8×8=64	7×2=14	9×2=18	8×3=24	9×3=27
9×9=81	6×5=30	9×4=36	8×6=48	9×5=45	7×8=56
8×6=48	9×2=18	6×3=18	6×3=18	6×9=54	6×6=36
6×1=6	7×9=63	8×2=16	8×7=56	7×4=28	8×2=16
7×7=49	8×1=8	9×8=72	7×9=63	8×4=32	9×6=54
9×7=63	6×8=48	7×3=21	9×4=36	9×1=9	7×7=49

Block 5 (bottom left)

5×8=40	4×9=36	5×2=10	4×1=4	9×5=45	8×6=48
3×8=24	7×5=35	2×9=18	9×7=63	4×8=32	3×5=15
9×9=81	4×4=16	3×4=12	2×5=10	6×5=30	9×1=9
4×5=20	6×4=24	6×1=6	3×3=9	8×8=64	6×2=12
5×9=45	2×8=16	9×2=18	8×9=72	5×3=15	7×7=49
9×8=72	8×7=56	7×9=63	7×6=42	3×1=3	8×2=16
2×6=12	6×7=42	4×7=28	5×1=5	8×5=40	5×7=35
6×3=18	7×4=28	8×1=8	6×6=36	2×2=4	6×9=54
7×2=14	3×2=6	5×6=30	2×7=14	5×4=20	2×4=8
5×5=25	2×1=2	4×2=8	9×4=36	7×8=56	9×3=27
3×9=27	8×3=24	2×3=6	6×8=48	4×3=12	4×6=24
8×4=32	9×6=54	3×7=21	7×3=21	3×6=18	7×1=7

지은이 기적학습연구소

"혼자서 작은 산을 넘는 아이가 나중에 큰 산도 넘습니다"

본 연구소는 아이들이 혼자서 큰 산까지 넘을 수 있는 힘을 키워주고자 합니다.
아이들의 연령에 맞게 학습의 산을 작게 만들어 혼자서도 쉽게 넘을 수 있게 만듭니다.
때로는 작은 고난도 경험하게 하여 성취감도 맛보게 합니다.
그리고 아이들에게 실제로 적용해서 검증을 통해 차근차근 책을 만들어 갑니다.
아이가 주인공인 기적학습연구소 [수학과]의 대표적 저작물은 〈기적의 계산법〉, 〈기적의 계산법 응용up〉,
〈기적의 문제해결법〉 등이 있습니다.

 툭 치면 바로 나오는 구구단

초판 발행 2022년 12월 29일
초판 6쇄 발행 2024년 9월 13일

지은이 기적학습연구소
발행인 이종원
발행처 길벗스쿨
출판사 등록일 2006년 6월 16일
주소 서울시 마포구 월드컵로 10길 56(서교동 467-9)
대표 전화 02)332-0931   팩스 02)323-0586
홈페이지 www.gilbutschool.co.kr   이메일 gilbut@gilbut.co.kr

기획 양민희(judy3097@gilbut.co.kr)   책임 편집 및 진행 장혜진, 강현숙
제작 이준호, 손일순, 이진혁   영업마케팅 문세연, 박선경, 박다슬   웹마케팅 박달님, 이재윤
영업관리 김명자, 정경화   독자지원 윤정아

표지 디자인 유어텍스트 배진웅   본문 디자인 곰곰
본문 일러스트 곰곰   전산편집 글사랑
인쇄 및 제본 상지사피앤비

ISBN 979-11-6406-499-1 63410 (길벗스쿨 도서번호 10794)
정가 12,000원

독자의 1초를 아껴주는 정성 길벗출판사 --

길벗스쿨 국어학습서, 수학학습서, 유아콘텐츠유닛, 주니어어학1/2, 어린이교양1/2, 교과서, 길벗스쿨콘텐츠유닛
길벗 IT실용서, IT/일반 수험서, IT전문서, 어학단행본, 어학수험서, 경제실용서, 취미실용서, 건강실용서, 자녀교육서
더퀘스트 인문교양서, 비즈니스서

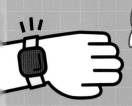

기적특강 특별부록

구구단 S워치

활용법 각 날짜에 맞는 구구단 시계를 오려서 손목에 차고 QR코드를 작동시켜 보세요. 슈퍼액션 스터디로 노래하고 춤추며 즐겁게 구구단을 외울 수 있어요. 중간에 까먹었다면? 구구단 시계를 살짝 봐도 괜찮아요!

D-14

구구단 S워치 **4**단

$4 \times 1 = 4$
$4 \times 2 = 8$
$4 \times 3 = 12$
$4 \times 4 = 16$
$4 \times 5 = 20$
$4 \times 6 = 24$
$4 \times 7 = 28$
$4 \times 8 = 32$
$4 \times 9 = 36$

풀칠면

D-15

구구단 S워치 **3**단

$3 \times 1 = 3$
$3 \times 2 = 6$
$3 \times 3 = 9$
$3 \times 4 = 12$
$3 \times 5 = 15$
$3 \times 6 = 18$
$3 \times 7 = 21$
$3 \times 8 = 24$
$3 \times 9 = 27$

풀칠면

D-17

구구단 S워치 **5**단

$5 \times 1 = 5$
$5 \times 2 = 10$
$5 \times 3 = 15$
$5 \times 4 = 20$
$5 \times 5 = 25$
$5 \times 6 = 30$
$5 \times 7 = 35$
$5 \times 8 = 40$
$5 \times 9 = 45$

풀칠면

D-18

구구단 S워치 **2**단

$2 \times 1 = 2$
$2 \times 2 = 4$
$2 \times 3 = 6$
$2 \times 4 = 8$
$2 \times 5 = 10$
$2 \times 6 = 12$
$2 \times 7 = 14$
$2 \times 8 = 16$
$2 \times 9 = 18$

풀칠면

★가위나 칼을 사용할 때는 꼭 어른의 도움을 받으세요.

풀칠면 풀칠면 풀칠면 풀칠면

구구단 S워치

D-7

구구단 S워치 **9**단

9×1= 9
9×2=18
9×3=27
9×4=36
9×5=45
9×6=54
9×7=63
9×8=72
9×9=81

풀칠면

D-8

구구단 S워치 **8**단

8×1= 8
8×2=16
8×3=24
8×4=32
8×5=40
8×6=48
8×7=56
8×8=64
8×9=72

풀칠면

D-10

구구단 S워치 **7**단

7×1= 7
7×2=14
7×3=21
7×4=28
7×5=35
7×6=42
7×7=49
7×8=56
7×9=63

풀칠면

D-11

구구단 S워치 **6**단

6×1= 6
6×2=12
6×3=18
6×4=24
6×5=30
6×6=36
6×7=42
6×8=48
6×9=54

풀칠면

★가위나 칼을 사용할 때는
꼭 어른의 도움을 받으세요.

풀칠면　　　풀칠면　　　풀칠면　　　풀칠면